地質職人たちのアーカイブス

六連星《すばる》の会 編

郁朋社

序にかえて

はじめに本書のタイトルにした「地質職人」について一言述べておきたい。

我が国において地質学（Geology：ジオロジー）と称される学問領域が明治初期の一八七〇年代に英国から導入され、以来、ほぼ一世紀半に亘って大学の理学系において教育されてきた。しかし、戦前においてはこの地質学を専攻できるのはごく一部の帝大系の大学に限られていたこともあり、卒業生もごく少数で、その大部分が研究者（学者）又は教育者となりいわゆる地質学者として一般に受けいれられた時代が長く続いてきたのである。

戦後の新しい教育学制の下で地質学や地形学などの地学系の教課が各大学に新設され、そうした教育を受けて社会人となった卒業生はその職場においては通常「地質屋（地質家）」とよばれ、様々な産業分野において地表、地下の地質に関わる専門技術者として活躍してきている。

戦後の高度成長期から現在までの産業構造の変化とともに、さらには教育母体としての地質学科が廃止され地球科学の一部として再編されたことなどにより、これまでの地質家の技術分野も様々に変化してきている。それに伴い、地表、地下の現場に直接携わる技術者は次第に減少し、代わって情報科学技術分野で活躍する人々が増え、旧来の現地観察、調査を主とする職人的な「地質屋」の印象が次第に薄れかけている。このため、そうした旧来の地質家としての経験をもとに過ごしてきた著者達をあえて「地質職人」としてここにとりあげたのである。

本書の著者たちにはその生い立ち、これまでの半生において幾つかの共通点がある。その一つは青春のある時期を九州の鹿児島本線の沿線で過ごしたこと、次には大学の理学部において地質学又は地形学といわれる自然科学を専攻し、以後の人生の大半を地質技術者（地質職人を自称している）として全うしたと自負していることである。さらに言えば全員が大学卒業以来所属していた組織や企業から離れ、いわば第二、第三の人生を歩むいわゆる定年退職者であることなどである。

こうした共通点を持つ者が年一～二回集まってたわいもない呑み会を開いていた矢先に遭遇したのがあの三・一一東日本大地震であった。永年に亘ってさまざまの自然災害の低減、防止に努め、その対策に関わってきた地質技術者にとっても想像さえしなかった大災害であった。

この大災害の原因やその予知予測をめぐって、地震、津波の予測の当事者である地震学者、地質学者たちを含む科学者への不信感が世間で取り沙汰され、それが地質家としての著者たちの間での話題となったのは当然のことである。

それらの話題の一つが、いまだに一般の人々にとっての地質家とは、テレビや新聞などのメディアに登場して大地震の発生や火山の爆発の危険性に警鐘を鳴らす地質学者であるとの大きな誤解の存在についてであった。

たしかに、そうしたメディアを賑わせる地質学者の存在は否定できないが、大部分の地質家が資源の開発や構造物の設計、保守さらには地すべりや山地崩壊などの自然災害などの防災に対応するための実務についており、そうした自然現象の発生の可能性を予測する世界の外にいるのが現状なのである。

この実務家としての地質技術者の現状はこれまでに一般の人々に伝えられることも少なく、ひいては一般市民の地質学を含む地球科学への興味を失する結果となっているとも考えられる。このため、ここに著者たちのこれまでのささやかな体験や想いを書き残すことで地質職人たちへの理解の助けにしてもらうと同時に、ジオロジーの多様性と面白さをも伝えられたらとの思いで本書をとりまとめた。

これまでに著者たちが出版した著作物は多数あるが、その大部分が専門的な技術書であり、いわゆる地質技術の啓蒙書ではない。このため本書を一般の人々が地質学、地質学者に対してもつこれまでのイメージを補足するのに役立ててもらうべく、アーカイブスとして残すことにしたものである。

したがって、記述内容もあえて統一した形をとらずそれぞれ各人独自のスタイルで書くことにして、いわば卒業文集みたいなものとなったが、著者たちの想いの一端でも読み取っていただければ幸いである。

なお、本文に取り上げられた様々な記録は各著者の責任において公表可能なものを取りあげた。実務に従事されている諸氏の現業での参考にしていただければ嬉しい限りである。(中尾健兒)

地質職人たちのアーカイブス／目次

ある地質技術者の追想

中尾　健兒

【目次】

ある地質技術者の追想

中尾　健児

第一節　山、海そして砂漠

一・一　富士山頂――一九六三年

一九五八年、南極大陸の中央山嶺からかなりはずれたEllsworth山脈の端部にこれまでにない標高の高山が発見され、南極大陸最高峰（五一四〇メートル）としてVinson Massifと命名された。今頃になって大陸の最高峰が発見されるなんてさすがに南極大陸だけのことはあると当時大きな話題となったものである。

最後の大陸の未登頂最高峰として各国の登山家達が初登頂を狙っていたが、日本でも若手の日本山岳会のメンバーとして数人で構成されたグループがあり、その中の一人に会社に入社したばかりの私も含まれていたのだった。

連日 Vinson Massif へのアプローチの検討と資金集めに会社の仕事そっちのけで奔走していたある日、勤務先の建設会社研究所所長から呼び出しがあった。「君は南極の山登りに何か月も出かけるという噂だが、入社したばかりの新入社員なので休職扱いにはできない。会社を辞めるか、それとも今富士山頂レーダ基地建設の話があるので君を推薦するがどうだね」との話である。

会社を辞めて南極に行くか、メンバーを降りて富士山に行くか、どうしたものかと決めかねている間に、この南極の最高峰がアメリカのパーティによってあっさり登頂されたとのニュースが飛び込み問題は簡単に解決した。迷うことなく富士山暮らしをすることに決心したのだった。

一九六三年（昭和三八年）二月初旬、厳冬期の冨士山頂の建設地点の基礎調査のための登頂から我が長い岩盤技術者としての人生の第一歩がこうして始められたのである。

登頂するメンバーは五人。これまでに高さ千メートルを超える山には登ったことがないという建築設計家I氏三〇才、山には幾度か登ったことはあるが冬山には一度も登ったことがないというレーダ設計技師K氏二八才、自称山屋の岩盤技術者中尾二五才、冬富士を熟知したベテラン強力のN，Kの面々である。アイゼン（氷の上の歩行に使用する鉄の爪）のつけ方も知らない二人を厳冬期の冨士山頂に登らせるには理由があった。山頂に設置予定の気象レーダの冬季における地吹雪ならびに積雪による障害はどの程度のものになるのか、又、レーダの最適設置地点はどこかなどを決める必要があり、夏季の着工直前にこのプロジェクトの現場責任者となる建築家、レーダ設計者の二人が決死隊（？）として会社で募られたのである。

富士山要員として同行する自称山屋は気楽なものである。この気象庁プロジェクトの担当課長である藤原氏が直木賞を受賞したばかりの山岳作家新田次郎氏であることも知らず、ある日の打ち合わせの終わり際に、「冬の富士山頂の気象条件は大変なものだよ。ところで君、『強力伝』を読んだことあるかね」との問いかけに、「いや、そんな本読んだことはありません」と平然と本人の面前で言ってのけて憮然とした顔で見つめられたことが今でも強く印象に残っている。こんな男に大事なレーダ基地の基礎設計をまかせていいものかとの思いが浮かんだであろう氏の心境が今更ながら察せられるのである。

麓の御殿場測候所を出発したその日に冬季避難小屋までゆっくりと時間をかけてたどり着き、翌朝六時、頂上目指して登山を開始した。順調にピッチをきざんで宝永山の縁部にさしかかった頃から強風にあおられはじめた。厳冬期の富士山のすさまじさは登った者でないとわからぬと言われるがアイゼンが全く効かない蒼氷上での突風によるスリップはまさに死を意味する。零下二五度の寒気のなか、轟音とともにやってくる突風、地吹雪。この中を全く冬山に素人の二人をどのようにして山頂まで登らせるかについて、その数日前数人の強力と山頂測候所の所員とともに話し合った結果は「アンザイレン（お互いの身体をザイルで結び合うこと）すべきではない」という意外なものであった。冬富士のブリザードの中を登るには、いかにして突風時にバランスを崩さぬようにすべきかを第一に考えるべきであり、使ったこともないザイルに気をとられることなく、ピッケルと岩角にしがみついて突風をやり過ごすのが最善であるという。

先頭の強力が最も安全そうなルートをゆっくりとたどり、その後ろに未経験者の二人を空身で登らせ、その後を強力と私が続くという編成でやっと玄武岩の溶岩が積み重なった岩尾根にたどりついた。最後尾で岩場を登りながら思ったものである（前から三人目のレーダ屋さんが滑ったらそのすぐ後ろの強力が止めてくれるに違いない。しかし二人目の建築屋さんが滑ったらその下のレーダ屋さんを巻き込んで二人で下の強力にぶつかることになる。そうなればいかに優秀な強力でも二人は止められないだろう。そうなったら俺も巻き込まれるのは必定、俺の運命は二人目の建築屋さんに握られている）。自分がスリップした時はその下には誰もいないことなど全く頭に浮かばず、ひたすらに上の二人の足どりだけを追いながら登り続け、何とか全員無事に山頂測候所に転がりこんだ時にはすでに午後四時を回っていた。

今から約百年前の一八九五年（明治二八年）から一八九六年（明治二九年）にかけて、冨士山頂の気象観測の重要性を訴えた野中至、千代子夫妻の決死の山頂での冬季滞在以後、厳冬期に冨士山頂に滞在するのは不可能との判断で四〇年ほど無視されていた山頂での気象観測用に、測候所が開設されたのは一九三四年（昭和九年）のことである。以来二九年間、少しずつ補修はされたものの当時のままの佇まいをみせる山頂測候所の宿泊部屋で、寒さと風雪の音で眠れぬ一夜を明かした三人（強力は当然安眠したはず）は翌日一日中、高山病で割れるような頭を抱えながらこれからの山頂での仕事に思いを馳せていたのであった。

山屋を自称するからには何が何でも与えられた仕事はこなさなければならない、とばかりに作業にかかったもののそう簡単にはゆかない。山頂に登るだけで終わりという学生時代の山登りを懐かしみながらも、最高地点の剣ヶ峰とスカイライン（火口壁）の積雪時の高低差を測量し、雪庇の発達状況と地吹雪の影響を調べ、レーダ設置点の場所とパラボラの高さを決める作業を開始した。

天候を見計らってまず測量にとりかかった。快晴とはいえ日中でも風速二〇メートル、零下二五度の世界である。「吹きさらしの冬の山頂の戸外で作業するのは厳禁です」との測候所員の言葉を聞き流しながら、風速一〇メートル以下で気温零下二五度以上なら戸外作業をするという基準を勝手に作り一週間ほどでレーダドームの設置位置は決定できた。

次はパラボラアンテナの高さの決定である。富士山の最高点（三七七六メートル）の剣ヶ峰は火口の静岡側にあり、東京の気象庁へは火口の反対側の伊豆岳を越えて送信しなければならない。大正一五年、陸地測量部で決定された山頂の高さ三七七六・二九及び山頂から気象庁までの距離を使って計算すると、伊豆岳の高さが丁度剣ヶ峰からの送信線上に一致してしまう。風速百メートルに耐える建築設計条件を厳守すれば、ドームの高さを一メートル上げる毎に建築費は当時の費用でほぼ一億円は増加する。伊豆岳に積もる雪の厚さとその地吹雪（雪煙）の影響と山頂標高の測量誤差分（現在の測量結果と大正当時の測量結果の差）をどの程度見込むかによってドームの高さは決定できるがいくら議論しても簡単には結論がでない。基礎を設置地点で一〇メートル高く造れば安全なのは分かっているもののそんな予算超過は認められないというのである。

山頂滞在すでに二週間を超え、食料と燃料（木炭一俵をそのまま詰めて燃やすストーブが測候所の唯一の暖房である）が尽きかけてきたころ、気象庁の屋上から快晴の夜間に山頂部を天体望遠鏡で見たら小さな光点が識別できるのではとの案（昼間では光が揺らいで焦点が定まらない）がだされ、早速実施することになった。しかし、山頂は晴れても東京は曇り、東京から富士山がくっきり見える快晴の日はたいてい山頂は大荒れの地吹雪である。待つこと三日、やっと来た快晴の午前一時、風速一〇メートル、気温零下二九度。時々上がる雪煙の間をぬって、赤いマグネシウム発煙筒をとりつけた長い棒を三人がかりで剣ヶ峰三角点から五〇センチメートルずつ持ち上げてゆく。寒さで身体が凍りかけたころ気象庁からの無線で「見えた」とのアナウンスが聞こえ全員が歓声を挙げたときはすでに夜明け間近であった。

一九六三年（昭和三八年）六月中旬、レーダ基地工事の建設に先立ち、山頂測候所の取り壊しを開始した。麓の御殿場で募集した六人の大工と共に雷雨をついて山頂にたどり着いたのが午後六時、宿泊予定の山頂石室で遅い夕食をとり、全員就寝したのを見てやっと眠りについたが、翌朝目をさまして驚いた。三人しかいないのである。聞けば「登る途中の雷で死ぬほど恐ろしい目にあってやっと山頂に着いても頭が痛くて眠れず、こんな所で仕事ができるわけがない。少々高い金をもらっても御免だ」と夜明け早々に下山してしまった、とのことである。「御殿場の大工ともあろうものが富士山の山頂状況ぐらい来る前からわかっていただろうに——」とぼやいても三人だけではどうしようもない。残った三人に待っているように言いつけ後を追って下山する。飛ぶようにして駆け下りるも結局追いつけず、御殿場の工務店での再交渉でやっと話しがつき、新たな三人と再び登り始めたのが午後四時。八時過ぎに山頂に着き、全員の様子を見ながら十二時過ぎに就寝する。事務所もないたった一人の工事屋としての悲哀をしみじみと感じた長い一日であった。

昭和の初期から約三〇年間、風速百メートル近くの風雪に耐えてきた建物を、酸素量と気圧が平地の三分の二の山頂で人力だけで解体するのが如何に大仕事かは想像してもらうほかはないが（工事機材が利用できなかったため）、それよりさらに難物が火山礫と玄武岩溶岩が入り混じった永久凍土の基礎岩盤の掘削だった。

山頂における気圧と酸素量のせいで空気圧で作動する掘削機械が使えないため、傾斜四五度に近い岩盤に命綱をつけひたすらハンマーとノミで氷と岩を砕いていたある日、突然現場の一角から声があがった。「オーイ、これどーするズラ、ワシはこんな仕事に雇われたんじゃないガヤ」とかなんとか言いながら騒いでいる所を見て驚いた。永久凍土のはずが、山頂測候所開所以来三〇年に亘って積み上げられてきた黄金柱の氷塊ではないか。削られた破片は日中の温度の上昇とともに溶けはじめ、すでに周囲に臭いが広がり始めている。

新入社員とはいえたった一人の現場監督である。何とかしなければと思うものの適当なアイデアがすぐに浮かぶわけはない。「ただでさえ頭が痛いところでクソの始末までさせられるなんて、このクソッタレめ」と毒づいてもしゃれにもならない。結局、計画した基礎部分をさらに掘り込み氷と混ぜて再凍結させることで始末したものの、この上に世界最新・最大の気象レーダが建設されるのが信じられない出来事であった。

八月に入り麓の作業基地で生産したコンクリートをヘリコプターを使用して打設するという日本で初めての工事が開始された。これまで悪戦苦闘して掘削した基礎の施工が始められたのである。日本でわずか三機しかない（一九六三年当時）大型のジェットヘリを全機チャーターしてこの日に備えたが、一日で打設できる量はわずか数立方メートルしかならない。一機が一度の飛行で運び上げる量はわずかに〇・三立方メートル、三機で約一立方メートルなのである。

これまでヘリコプターが着陸したことがなかった富士山頂での航空機での作業のため、飛行用の厳密な気象条件管理下でのコンクリート運搬と打設だから仕方がないものの、約二百立方メートル打設するのにどれだけの飛行回数になるのか？　とにもかくにもこの夏に基礎工事を終わらせるためにさらに数機の小型機も投入し、山頂は戦場と化したのである。

気流が安定する朝の四時からの数時間、ある者は無線にしがみつき、ある者はひきもきらない登山者を誘導、退避させ、またある者は巨大なヘリコプターの下でバケットのフックをはずしシュート（導入管）にコンクリートを流す。「山頂から一号機へ。二号機投入終了。アプローチされたし」「三号機へ、現在位置知らせ」「三号機より山頂・現在ヘリポート上空二千メートル・帰投中」「ヘリポートより三号機・給油準備よし・Bサイトに着地されたし」

ヘリを生コン車代わりに使うほうも必死だが、それを飛ばすパイロットは文字通りの必死である。陸上自衛隊の砲火演習の脇をかすめ、山肌に沿って発生する下降気流にあおられ、乱気流の渦巻く剣ヶ峰で失速すれすれのホバリングをしながら決死の形相でコンクリートを投下する。このパイロットたちの全員が航空自衛隊の戦闘部隊からの移籍者であることを聞かされたのは翌年の再契約時であった。

九月下旬、果てしなかったヘリ作戦が終了し馬方、強力組合と山小屋組合との交渉で遅れに遅れていた資材荷揚げ用のブルドーザ登山道の建設も終了した。吸入空気量が足りずに自重を持て余して走路の均し作業が出来なかった国産のブルドーザを、アメリカ製のキャタピラー社のものに替えただけでいとも簡単に山頂までの走路を完成できた。高所作業用のスーパーチャージャーの装備の有無がその明暗を分けたのである。

日中の気温が零下数度から上にあがらなくなり、風が西に変わったまま動かなくなると山頂は一気に冬に入る。打設したコンクリートに霧氷の花が咲き、ガスの日が続き突風が吹き始めた。氷雨の中、最後に残ったドーム建設用資材をブルで運搬しながら「来年はこの溶岩の道を歩いて登らずにすむのかな」「山頂に建設されるドームは下からどんなふうに見えるのだろう」などと完成後に思いを馳せながら自称山屋の長かった山頂生活が終わったのであった。

この世界一高所に建設された気象レーダ「富士山レーダ」は一九六四年(昭和三九年)運用開始以来、台風観測の切り札として活躍したが、気象衛星「ひまわり」の成功によりその役割を終え、一九九九年(平成十一年)十月末その三五年の歴史の幕を下ろした。同年十二月、新雪に白く輝く富士山頂を眺めながら三五年前の自称山屋もその後の岩盤技術者としての土木屋人生の幕を下ろした。

若さだけが取り柄だった山屋に憮然とした顔つきを見せた新田次郎氏すでになく、「富士山頂」の映画撮影に協力した我々スタッフを輝く笑顔で迎えてくれた石原ユーチャンも故人となり、一つの時代が過ぎ去ったのである。思えばあれから五十数年、南極遠征がボルネオやスマトラのジャングル、北極圏やアンデス高地、サハラ砂漠と多くの極地での調査・建設作業にとって代わった私の岩盤技術者としての生涯は、あの日本最高峰の玄武岩溶岩を連日ノミで削ったあの日から始まったのである。

(原文「めろさてい」　九州大学山岳会、二〇〇〇・三／二〇一五・九　改稿)

完成した富士山頂気象観測ステーション

一・二　海底を掘る——瀬戸大橋

一九六九年からおよそ八年間、トンネルやダムの掘削工事に携わりながらも、主として本州四国連絡橋の基礎掘削のための海底岩盤の掘削工法開発に従事した。

これまでその出自から岩盤屋といわれる分野で何とか業務をこなしていたが、折からの海洋開発ブームに乗せられ海の底の岩盤も守備範囲となったのである。

この海洋開発ブームだが、当時のKennedyアメリカ大統領によって宇宙開発とともに海底資源の開発を目指して強力に推進されたもので、特に海底石油の探査と採取方法に成果が見え始めていた頃である。こうした機運は我が国においても各財閥系による海洋開発会社の設立や、計画中の本四連絡橋の海中施工技術の開発などを目指していた大手のゼネコン各社の海洋開発室の創設などとなって動きはじめた。この海洋開発室における主要な開発テーマの一つが海底の岩盤の掘削工法に関するもので、その一員として研究・検討を始めたのだった。

当初は様々な旧来の海底掘削の手法、例えばポンプ船、グラブ船、ディッパー船、砕岩船などの掘削船を主体とした方法の現状調査から開始し、次第に大口径回転掘削機、高水圧ジェット掘削機、電磁破壊機などの最新技術による掘削手法を検討しながら本四橋の基礎施工に適用できるものを選定するつもりだったがそう簡単な作業ではない。

そうこうするうちに、「水深五〇メートル、潮流五ノット、岩盤強度五百～千 kg/cm^2 の条件でしかじかの形状に海底岩盤を整形し、その工費と工期を算定せよ」という具体的な命題が与えられやっと開発対象が具体的に見えだした。しかしこうした、これまでに施工実績のないプロジェクトに関しては多くの関連技術も開発される必要がありゼネコン単独での開発は困難である。このため多くの関連企業によるプロジェクトメンバーによる様々な検討を経て、その経済性と実用性から最終的に絞りこまれた工法は、大量の掘削を短期間で可能とするシステム化された水中発破方式であった。

当初は、海底での発破とはいえ陸上での発破と基本的には同じはずだから、そう大きな問題はないだろうと考えていたのが実は大変なしろものであった。

これまで陸上においては伝統的に、削岩機で岩に穴を開け、雷管をつけた爆薬をその孔の中に装填し、雷管を結線してこれに起爆電流を流して爆発させるという方式がとられている。しかし、この方式を海底に適用するとすれば、水深数十メートルの海底に爆薬を装填する孔をどのような機械でどのような方法で開けるのか？　その孔にどのようにして爆薬を装填するのか？　その爆薬をどのような方法で爆発させるのか？　などなど解決しなければならない課題は山積みであったのである。数十年に亘る我が国の発破の歴史のなかで、実はこうした水中での爆破技術についての開発は殆ど成されていなかったのに気がつき唖然としたのがこの時であった。

これらの課題を解決するための室内、現地実験を数年に亘って実施し、施工機械の実用試験を終え、大型海上作業台を用いた海底発破掘削システムが、本四公団による現地テストを経て、現実に基礎掘削工法として採用されたのは一九七五（昭和五〇年）、開発を始めてすでに六年が経過していた。

この間、一九七二年（昭和四七年）三月、海洋プロジェクトの本番としての本州四国連絡橋施工計画の一環として、海中基礎の施工のための海底掘削実験を担当すべく日本土木工業協会に出向した。これまでのトンネルやダムなどの山から海に転業した時点である。

一九六九年、三本の本四連絡橋の建設ルートが決定され、翌年の本四国連絡橋公団の設立以来、各種の海中施工技術の開発・研究が土木工業協会とこの公団によって実施されており、その一環としての掘削実験であった。

実験場所は瀬戸内海のほぼ真ん中に位置する大三島である。この付近は古くは村上水軍の活動拠点としての多くの島々が散在する瀬戸内海を代表する景観と、「瀬戸は日暮れて――」で始まる歌のイメージで日本中に知れわたったところである。

掘削実験は瀬戸大橋の海底基礎が設置される海中と施工条件が類似したこの大三島と隣の島の間の多々羅瀬戸で実施されることになり、一九七二年四月、実験主任としてこの島に乗り込んだ。尾道から巡航船に乗り、美しい景観に感嘆しながら島のI港に着いたとたんに難題が待ちうけていた。数ヶ月の長期滞在ができる宿がないのである。この瀬戸の小島にある数件の民宿は本四関連の調査工事関係者ですでに借り上げられており、我々五～六人のメンバーの常駐見通しが立たぬのである。うかつにも、わずか四カ月程度の実験工事のためどこかの民宿でも借り上げればすむだろうと安易に考え、現場宿舎の段取りをせずに乗り込んだのが間違いのもとであった。どんなに急いで現場宿舎を建設するにしても用地の交渉から賄いの段取りまで最低でも一週間はかかる。すでに実験工事のための海底掘削用の大型作業船や計測船も到着し、実験を開始する寸前での現地乗り込みだったため簡単に延期は出来ない。

島中手を尽くして宿を探したがどうにもならず、しかたなく対岸の島に泊まって、毎日通船で通う段取りをつけたところに朗報が舞い込んだ。計測船としてチャーターした大型の海洋観測船の船室を五人分提供してもらえるというのである。文字通りの渡りに船で、有難く申し出を受け、宿泊問題は解決した。

こうして始められた実験工事は、大型の海上作業台を使用した無線起爆での穿孔爆破による海底の花崗岩の掘削であり、主要ゼネコン各社からの出向者によって実施され四カ月後に成功裏に終了した。潮流六ノット（約三・〇メートル／秒）の急流のような多々羅瀬戸の潮止まりを狙って潜水し、爆破後の海底を調査、測量しながら数カ月間、海底の荒々しい花崗岩の岩肌にしがみつきながら過ごした記憶は四十数年経った今でも生々しく残っている。

実験工事終了後の翌年の一九七三年夏、瀬戸大橋建設工事が着工となり、ＪＶ事務所が坂出の埋め立て地に建設され準備工事が開始された。

この大プロジェクトに専念すべくこれまでの長い出張生活にけじめをつけ、家族を呼び寄せ高松の郊外の借家に転居したとたん、また頭痛の種が発生した。第三子の産み月に入った家内の入院先が見つからないのである。折からの日照り続きで一日に一～二時間の時間給水から完全断水までになった香川大水飢饉の年である。大家さんの井戸水を貰い水して暮らしていた時だけに、高松の全ての病院の産科が休業中だという。生まれてくる子供は時を選べないのだから何とかしなければならない。出産できる病院の手配ができるまでの期間の長かったこと、連日のうだるような暑さの汗とともにたっぷりと冷や汗もかいたのであった。

次男も無事誕生し、長かった夏も終わった。十一月の起工式も決まり、プロジェクトが軌道に乗りはじめたと思ったとたん次なる問題が発生した。そう、あのオイルショックである。このショックは日本国中の家庭にも大きな影響を及ぼしたが、我がプロジェクトに与えたものが最大であった。起工式の五日前になって工事が無期延期となったのである。

延期となれば各社合わせて二十数人となった事務所の運営経費をどうするのかが大きな問題となったが、それより何よりもこれまでに準備した大型工事機械の償却をどうするのかは各社の支店の決算を支配するだけに大事件となったのである。

こうした日々の中のある朝、ケーソン基礎設置用のアンカーのための海底ボーリングしていた一人の技術者が事務所に飛び込んできた。「大変です。とにかく現場に来てください」というその係員とともに現場の防波堤に上がり、海面を見て息をのんだ。見渡す限りの海面が真っ黒な膜で覆われ、見慣れた青い海がどこにもないのである。足元を見れば、防波堤に打ち寄せる静かな波が崩れるたびにべっとりとした油の膜がテトラポットに積み重なってゆく。一瞬、「大型タンカーの衝突で原油が漏出したのだろう」と思って海面を見渡してもそれらしい船も見えず、何が起こったのだろうとただ戸惑うばかりであった。

後に水島タンク破壊事故として記憶されることになったこの事件は、対岸の坂出海岸を原油で汚染し、その対策に多くの人力と費用が注ぎこまれたが、我がプロジェクトはさらに大きな影響を蒙った。周辺の漁民、住民、工事関係者を問わず、あらゆる人々がバケツと柄杓で押し寄せる原油と戦ったこの事件はまた、その後の海洋工事の海洋汚濁防止の考え方にも大きな影響を及ぼし、本四橋建設工事計画の再検討を促すことにもなったのである。

すなわち、これまでの工事計画ではあまり考慮されていなかった海底掘削に伴う海中汚染、例えば爆破やグラブによる掘削時の海中の濁り、土運搬船の航行時の海水汚染、あるいはコンクリート打設中の海洋汚染などが大きな問題となったのだった。こうした状況を背景に、これまでにすでに漁業補償で解決していた工事海域への漁民の立ち入り禁止区域が再び漁場になるなど、漁業者との紛争も再燃してきた。

一方、海底岩盤掘削に関しては大三島での施工実験で確認はしたものの、本番での施工手順や爆破後のグラブ掘削精度の評価方法、さらには爆破時の振動が最寄の石油精製プラントの操業に与える影響など確定しておらず、現地での施工実験はどうしても必要と考えられた。このため、着工命令が延期されている中で基礎工事の準備作業として掘削工事を行うことになり施工が再開されたのである。

穿孔作業、爆薬加工作業、装薬・起爆作業、海底整形確認作業、などの一連の作業工程を順次確認しながら実務的な経験を積むとともに、一回数トンにおよぶ爆破の振動とその水中衝撃圧の影響範囲の調査が終了した時はすでに一九七七年（昭和五二年）を迎えていた。

工事中止以来四年が経過したが、この延期期間で得られたものは多く、大型海上作業台と大型穿孔機を使って、数十本の穿孔内の爆薬を無線で一斉に起爆させるという、これまでに世界に例のない海底掘削工法が確立されたのであった。

延期された起工式は一九七八年（昭和五三年）十月に行われた。本四連絡橋備讃瀬戸大橋の建設はその後着々と進行し、鉄道、道路併用橋としては世界最長の吊り橋として完成し、その他の幾つもの橋梁と繋がった一〇年後の一九八八年（昭和六三年）四月、児島～坂出ルートの開通式を迎えた。

この瀬戸大橋の現場から離れて一〇年後、完成した瀬戸大橋の上で挙行されている華やかな式典をテレビで見ながら思ったものである。海底掘削工法の開発を始めて無我夢中で過ごした十数年の間に、この完成した瀬戸大橋の姿を一度でも想像したことがあったのだろうか？ と。そこに映し出されている巨大な吊り橋はあまりにも美しく壮大でその威容は私の想像をはるかに超えていたのであった。私にとっての瀬戸大橋とは、「これが今爆発したら一瞬で死ぬのかな」など考えながら潜水調査した数トンの爆薬を装填した爆破孔が広がった海底であり、掘削整形されて滑らかに削られた海底下の花崗岩の表面だけなのである。

それでも「誰にも見えない海の中の基礎のさらにその下を支えている白い花崗岩の新鮮な岩肌を俺は知っているのだぞ」と思うだけで密かな満足感に充たされていたのであった。

（原文「石が教えてくれたこと」郁朋社、二〇〇一・四／二〇一五・一〇　改稿）

海底岩盤爆破実験(大三島)

一・三　砂漠を駆ける——サヘル紀行

一九八七年（平成元年）から三年間に亘って水資源開発調査のためアフリカのマリ共和国とニジェール共和国の砂漠地帯を駆け巡った。あのパリ～ダカールサファリラリーの大部分のコースを含む砂漠と土漠を四輪駆動のオフロードカーに水と食料とテントを積んでの二百余日に亘るキャンプ生活を伴った仕事だったためこれまでの業務とは異なった経験をした。砂漠化の現状を知る機会とともに開発途上国への援助の在りかたをも考えさせられた強く印象に残っている業務である。

緑の破壊は地球の破壊につながるものとして砂漠化防止プロジェクトが世界の様々な機関で立案、提唱されている。こうしたプロジェクトの一つに我々も参画しており、サヘル地域の緑化を目指して地下ダムおよびパイロットプラント建設プロジェクトを立ち上げ、立地点選定のための現地調査を進めてきた。

北西アフリカでは砂漠の代表である北部のサハラ砂漠に至るまでに、南部の海岸沿いの多雨ジャングル地帯、草原を主とするステップ地帯、土漠とラテライト化した原野からなるサヘル地帯と順次変化してゆく。

マリ、ニジェールの両国はその国土の三分の二がサハラ砂漠で残りはサヘル地帯という典型的な砂漠国家であり、大部分の国民が牧畜と農業で生計を立てている。こうした状況はサヘル地帯に属する他の国も同様で砂漠化の影響を最も大きく受けている国である。

このサヘル地帯は、サヘルの南側に沿って東西に幅約二百キロメートル、長さ四百キロメートルに及ぶが、近年のサハラの南進は毎年二〇〜三〇キロメートルともいわれている。このままの状態が続けば数十年を経ずして、現在のサヘル地帯はサハラ砂漠化するのではないかとも言われている。

砂漠化の原因には幾つかの説がある。その一つは地球温暖化に伴う気象変動説である。過去三〇年程度のサヘル地帯における平均年間降雨量を見てみると、徐々にではあるが確かに減少しており耕作可能限界が南下していることが分かる。この広大な砂漠地域では気象の変動は国家の消長を支配することになるのである。

一方、人為的なものによるという説もまた有力である。砂漠化が問題視されるようになったのは民族独立後の過去三〇年以来の人口爆発と時を同じくしている。この人口の急激な増加による農地開発の結果、干ばつを受けた土地の放棄によって砂漠化が進行してゆく。これに加えて、燃料不足を補うための灌木の伐採や過放牧による緑地の裸地化が砂漠化を加速させる。何れの説によろうと、砂漠化が食料不足による離農家の都市集中を招き、大きな国家問題となっているのはこれらの砂漠国家に共通している。

こうした国々に対する我が国の取り組みの一環として、サヘル地帯に防砂林を造成し、砂漠の南進をくい止めるための事業の可能性の検討が始められたのである。

砂漠を緑にするための植林と口では簡単に言うものの、実施するのは至難の業である。砂漠の進行を少しでも遅らすためには一度に数千ヘクタールの面積の緑地を造成しなければ効果的ではなく、そのための植林とその育成期間が必要となる。そのために必要な水もまた一日数千トンとなる。砂また砂の砂漠のどこにそんなに大量の水があるのか？

これまでの様々な事前検討の結果、この地域の砂漠で大量の水を求めることは不可能であり、年に一度の短い雨季に降る降雨を地下に貯留する地下ダムを建設し、有り余る太陽熱を利用した発電と組み合わせた揚水プラントで植林を育成するというプロジェクトが立ち上げられたのが一九八五年のことであった。

プロジェクトの成立可能性に関しての現地調査が開始されたのが一九八七年、以後四年間に亘ってサヘル地帯を駆け巡ってパイロットプラント建設のための立地調査が実施された。

砂漠を走るといえば何となくロマンに満ちた旅行を思う人もいるだろうが、大型のオフロードカーに二週間分の飲料水、食料、燃料、キャンプ用具一式さらには調査機器を積み込んだ砂と土漠の中の調査は旅行とは全く無縁である。

調査に際しては、人工衛星から探査したスペクトル画像を解析しながら、砂漠の地下の片麻岩を削って流れていた数千年前の河の跡を探り出し、その現地で電気や磁気を用いて地下水や地下構造を探知するというハイテク技術を駆使している。しかし、それに携わる技術者は一日二リットルの飲料水二本とバケツ一杯の生活用水を割り当てられてのテント暮らしというキャンプ生活を強いられるのである。

現代の砂漠の足は車、それもオフロードカーである。灼熱の砂の中を屋根の上までガソリンや水、テントなどのキャンプ用具一式を積み込んで走るにはかなりの経験と準備が必要である。目的地までの砂漠の状態とそこまでの走行時間を予測し調査の計画をするには、その車の性能とスペア部品の有無の検討は欠かせない。

こうした車とドライバーをこれらの国で求めるのはかなり困難と思われるが、実はそうでもない。これまでの砂漠の走行で実績を積んだフランスのリース会社が、車とドライバー並びに砂漠キャンプに必要な全ての機材を提供できるシステムが出来上がっており、意外に簡単に契約できる。なお、このキャンプ機材の中には現地での料理人も含まれており、調査期間中のカフェオーレとワインは完全に保証されている。但し、その質は出した費用によるのは当然だが——。このシステムがあるからこそあのパリ~ダカールラリーが毎年開催可能なのである。

このパリ~ダカールラリーであるがそのコースについては意外に知られていない。パリから南下してアフリカに上陸してから通過する国は、通常は（その年によってコースは変わる）アルジェリア、ニジェール、マリ、セネガルであるが、その総延長の約半分がニジェールとマリのサハラとサヘルを走っている。このためこのレースに対するこの国の人々の関心も非常に高い。ほとんど砂漠に孤立したように見える遊牧の部族でも、その年の砂漠のルートを詳しく知っており、調査のために走る我々が近くを通る際には必ず教えてくれた。しかし、道とはいっても砂漠の中に道路があるわけではなく、ただこの付近を通るというだけで、一望千里の砂また砂の原野のどこをどう走ろうとかまわないのである。

我々が契約したフランスの旅行社が提供した車は砂漠仕様に改造されたトヨタのランドクルーザーと砂漠走行の代名詞ともなっているランドローバーの混成であったが、日本製のものが現地では人気が高く、リース料も高いのは意外であった。確かに我々も延べ数カ月に亘る走行でその耐用性はトヨタのほうがはるかに勝っていたのが実感されたのである。

ただ、タイヤについてはどこの国の製品であろうと実によくパンクする。ある時などわずか四百キロメートルの走行で三本がパンクし、予備が間に合わず立ち往生したこともあった。サハラのような砂漠での走行中のタイヤの温度は一体どれくらいになっているのだろうか。こうした車は約二週間の調査だとほぼ一人に一台の割合で必要となる。それも一台だけでは危険なため必ず二台が一組で行動するのが原則とされている。あのアクアラング潜水や迎撃戦闘機のバディシステムと同様である。このため、調査隊の車の数はすぐに四~五台になり現代のキャラバン隊が編成されるのである。

果てしなく広がる草原とミレット畑、ラテライト化した表土と砂礫交じりの土漠、ワジ（涸れ川）に沿って点在する部落とアカシヤの大木、これらのいずれもがサヘル地帯の代表的な景観ではあるが、この風景も砂漠に近づくにつれて次第に変化してゆく。南の海岸から北に向かうにつれて、露出した岩盤とその中をえぐって雨季だけに流れる小さな川、部分的に草に覆われた固定砂丘、見渡すかぎりの砂原と地平線を取り囲む蜃気楼といった砂漠特有の景観が現れ、最後にはあのサハラを代表する砂丘の連なりが果てしもなく続く砂漠となるのである。

サヘルには雨季がある。この地帯では七~八月に一年の全ての雨が降り残りの一〇カ月は毎日が快晴で一滴の雨も降らない。砂漠の雨は砂嵐とともにやってくる。一時間ほど激しく降り、乾ききった大地の表面を洪水のように流れ、数時間後にはわずかな水たまりを残して跡形もなく消えてしまう。

こうした雨は二~三日に一度は降り、サヘル地帯では年間二百~五百ミリメートルに達する。この雨の一部は地下に浸透し、地下水となって保存されこの水を井戸から汲み上げてサヘルの生活が営まれている。人も家畜も動物たちの全ての生き物がこのわずかな地下水に頼っており、降雨量の多少がそれらの生死を支配している。三〇年前にはこの一帯はキリンやライオンといった大型哺乳動物の天国であったが今ではこうした動物は小さな動物保護区か動物園でしか目にすることはできない。

雨季には砂漠の地表面の一部は小さな草に覆われる。この草を追って家畜の移動が行われ、またこの地域の農耕部族は畑作の種を蒔きつける。このため、雨の少ない干ばつの年には牧畜部族と農耕部族の生死をかけた争いが多発し、大きな内政問題となっている。「水の一滴は血の一滴である」との謂れが実感されるところなのである。

雨季が終わって乾季が始まるころのサヘルの景観は息をのむほど美しい。緑に覆われた果てしなく広がる大地、たわわに実ったマンゴーやナツメヤシの林の中のオアシスの村落、地平線に沈む大きな黄色い太陽と降り注ぐような星空――。だが景観の素晴らしさとそこでの暮らしとは全く別物であり、人々は過酷な自然との闘いに明け暮れなければならない。

ここでは自然と戦っているのは人間だけではない。食べ物が無くなったラクダは殆どトゲだけになったアカシヤの枝を食べるため口の周囲は血だらけである。それでも食べられるものを食べざるをえないのである。オオトカゲやオオネズミなどの砂漠の生物を代表する大型動物は、その地域の住民にとっては貴重なタンパク源である。調査中でも、作業員たちがひとたびそれらを発見すると、全ての作業を放棄して捕獲する光景がしばしば見られた。動物にとっても過酷な世界なのである。

日中五〇度近くまでなる熱風と砂、砂嵐、地平線の彼方まで果てしなく続く砂丘と全周三六〇度に亘って揺らめく蜃気楼。こうしたところでは早朝少しでも気温が低い時に作業を始め、気温が上昇する昼ごろには仕事をきりあげ、車が作る日陰かテントの下でじっと動かずにいるほかはない。夕暮れまでの数時間うつらうつらしながら過ごして明るいうちに夕食をとる。大気が信じられないほど透明な砂漠の夜闇ではほんの懐中電灯程度の明かりをつけるだけで砂漠バッタを初めにありとあらゆる昆虫類が一度に押しよせ、食事どころではなくなるからである。砂漠の民を代表するトアレグ族のコックが造った羊の焼き肉をかじりながら熱燗のようなワインを飲み終えるともう何をする元気もない。

湿度が極端に低いこうした場所では汗がでることもなく、身体は常に乾いている。このため昼間の走行中に浴びた砂ぼこりもはたけばきれいに無くなり、バケツ一杯の日用水で過ごすことが可能となる。それでも十日以上も身体を洗わない生活を続けていると、皮膚がかさかさになり、全身に水を浴びるのを夢見るようになる。

それにしても砂漠の民であるトアレグ族のこうしたところでの身の処し方は見事である。

毛布や水瓶といった必要最小限度の身の回りの物だけ持って、どのような場所ででも寝起きし、何の障害を感じることなく生活する様にはただ感嘆するほかはない。我々の調査隊のコックもドライバーも遊牧民が時代の波と砂漠化の影響で給与生活者となった者たちだったが、その生活様式だけは遊牧時のそれを踏襲していたのであった。

地平線の全周を蜃気楼で囲まれた熱砂の上にひざまずき、遠くメッカに向かって祈る姿はラクダのキャラバンが車になった今でもほとんど変わってはいないのだろう。一時間も二時間も時速百キロメートルに近い速度で、砂塵を巻き上げ、一直線に砂漠を駆けながら彼らは一体何を考えているのだろうか。ときどき出会う行き倒れたラクダの白骨、砂に埋められた車の残骸、「空に飛ぶ鳥なく地に動くものの気配なし」と歴史書に記述された砂漠を実感するには、クーラーの効いた車から外へ出て炎天下を三〇分ほど歩くだけでよい。並の日本人ならそれぐらいで行き倒れになるはずである。

車で砂漠を縦横に走り巡れるのはたしかに文明の恩恵ではあるが、一歩そこからはずれると如何に我々が脆い存在であるかも実感させられる。

夜、寝つけぬままテントから出て今にも降ってきそうな星々の間を縫って飛び交う人工衛星を眺めていると、人間と自然との関わりに幾ばくかの感傷を抱くようになるのである。

星明りの下、ウイスキーを舐めながら、「砂漠が広がっていくのを阻止することなど本当に出来るのだろうか、砂漠が広がって何が悪いのだろうか?」などと自問自答する。

「砂漠化するのは雨が降らなくなったからではない。人口爆発の結果やせた土地を開拓する農家が激増している。その結果家畜用の草地が激減し、さらにもともと少ない木を燃料に伐採し土地を裸にしたためひとたび干ばつが来れば一夏で砂漠に変わってしまう」

「だからこれは自然現象によるものではなく、人間が自分で自分の首をしめているだけの話である。昔から砂漠は砂漠であり、それが広がったからといって何の不思議もない。地球の表面の一部はこれまでも絶えず変動し続けているのだ」

「地球環境の保全などといって人類が騒いでいるが、地球は保護などしてもらわなくても、今見ている他の星々と同じく何十億年もの間同じところに浮かんでいる単なる惑星の一つであり、今後も何ら変わることないはずである。地球環境の保全ではなく人類環境の保全であることを再認識する必要がある」

「人類にとって必要な食物連鎖や自然環境は保全すべきだがゴキブリなどの害虫にとっての食物連鎖は破壊しなければならないだろう。しかし、地球上全ての生物にとって保全すべき環境条件などあるはずはないし、そもそも生物としての一つの種にしかすぎない人類がそれを決められるわけなどないのだ」

「結局のところ、砂漠に植林してグリーンベルトを造るなんてトーローの斧かイカロスの翼みたいなものではないのか」

などなど、次々に浮かぶ妄想には限りがない。

こうして七次に亘った現地調査で得られた資料をもとに、パイロットプラントの一部としての地下ダムの立地を決定し試験施工が実施されたが、その後の当該国の政変のためプロジェクトは中断され現在に至っている。

（原文　月刊「土木施工」山海堂一九九二年六・七月／二〇一五年十月　改稿）

化石谷の中の村落（ニジェール）

第二節　大地震に思う

二．一　液状化とは何だ——新潟地震

一九六四年（昭和三九年）六月十六日、江東区豊洲の埋め立て地に建設されたプレハブコンクリート建物の四階で、翌月から富士山頂工事で使用予定の新型ヘリコプターの写真を見ながら、ふと目を外に目を向けた時である。すぐ側のセメント工場のサイロがゆっくりと傾き始めたのを見て、とっさに「事故だ」と思い周りの同僚に知らせようとしたとたんに自分も机もろとも大きく揺れ始めた。大型の船にのっている感じの、いかにも遠くで大きな地震が起こっていることが想像される長周期の振動であり、関東地方で日頃感じる地震とは異質の揺れがかなり長く続いた記憶が残っている。

実は、我々が使用していた建物はその数カ月前、日本初のコンクリートプレハブ高層住宅用に開発されたモデル建築であり、起震機を使っての強制振動実験で大きく振動させて耐震特性を調査し、それに立ち会った我々がそこを使用していたものであった。したがって、その時の揺れが振動実験の時のそれと特に異なっていた印象が強かったのであった。

後に「新潟地震」として我が国のみならず世界の震災の中でも特異な災害を惹き起こしたことで有

倒壊したアパート

名になった地震を、東京の埋め立て地盤で体感した我々が現地へ応援を兼ねて調査に出かけたのはその翌日ことだった。

とりあえずの救援資材を満載した車を数台したて、被災現場を目指して走ったものの、新潟の市内に近づくにつれて道路破壊やその他の被災で大混乱の街が増えはじめ、迂回に迂回を重ねてやっとのことで中心部に到着したのは東京を早朝出発してから一〇時間後。現地に入って目にしたのは倒壊した建物もさることながら街中を埋め尽くした大量の砂であった。まるで砂の洪水が押し寄せて建物を押し倒して流れ去ったような状況なのである。一体何事が起こったのだろうか?

後に液状化現象として知られるようになったこの現象は、何の外傷をも受けずに鉄筋コンクリート造の四階建てアパートが横転した写真とともに、新潟地震そのものを世界的に有名にしたのであるが、これまで誰も予想したことがなかった特異な地震現象であったのである。

新潟市内だけでも三百棟をこえる建物が砂の中に沈ん

だり、傾いたりしているものの、そのほとんどが大した外的損傷を受けていないのである。完全に横転した建物のドアが地震後も充分に開閉でき、しばらくの間、壁を床代わりにしてそこで寝泊まりしていたなどという話が伝わってきたほど静かに横転したのであった。

こうした建物の一つにほとんど完成したばかりの大型病院棟があった。鉄筋コンクリート造地下一階、地上六階建て、長さ約九〇メートルの当時では非常に大型のビルである。このビルの一方が約〇・五メートルほど沈みこみ、他方が一・五メートルほど浮き上がってしまったがガラス一枚の損傷もなく壁の亀裂もほとんど見られず構造的には何の損傷もないのである。しかし、何の損傷もなくてもこの傾きではそのままでは使用不可能である。引き渡しも済んでいない建物を、いくら地震という天災だからとて壊して作り直すことも考えられず、何とか水平にして再使用したいと関係者が努力したのは当然のことである。

しかし、わずか三・五度ほどの傾きでも物が物である。そう簡単には元には戻せない。議論百出の末採用された案は常識的な、建物の基礎の中央を支点にして浮き上がり部分の下を掘削し、沈下した部分の下に入れたジャッキを使って片方を押し上げて回転させるというものであった。

通常、こうした建築構造物の工事に土木の人間は携わらないのが普通であったが一大災害時に土木だ建築だとは言ってはいられず、我々土木職員が建物の建て起こし作業に駆り出されて新潟暮らしを始めたのはその年の十月末であった。

こうした建物の傾きを修正する場合、建物と基礎の間にジャッキをはさみ、それで押し上げて水平にするのはごく一般的なやり方である。しかし、この建物の基礎は建物と一体になっており、ジャッキはその下の砂との間に鋏まなければならず、そのままジャッキを作用させても建物を押し上げる代わりにジャキが砂に潜りこむだけである。このため、建物の沈みこんだ側にジャッキが潜り込まないようにするための反力用の杭を打設する作業が必要であった。建物の地下室のさらにその下の砂の中に杭を打設する作業に始まり、それから約四カ月、連日のみぞれか雪の中でのモグラ作業を続けることになったのだった。

作成された杭と建物の地下部分の基礎梁との間に二百トンジャッキを十数台挟み込み、建物の浮き上がった部分の下を掘削して空間を造り、ジャッキで沈みこんだ側を押し上げれば簡単に回転して水平になるだろう、と考えた作業が意外に困難なことが分かるまでにそう時間はかからなかった。

問題は建物の重量である。浮き上がった基礎の部分を掘削するにつれて、残りの設置した基礎部分に二万トンに近い建物の全重量がかかり、準備したジャッキの能力をはるかに超えてしまい押し上げることが出来なくなったのである（理屈では二百トンジャッキを百台設置すれば押し上げることができるが現実的ではない）。建物の基礎の中央部分だけがしっかりと固定されていて沈下しなければ、確かに片側を押し上げれば簡単に回転させることが出来たのであるが、全面が砂に食い込んでいるベタ基礎（杭を持たない直接基礎）の下の砂の中にそうした固定点を造るのは困難である。回転させる予定で浮き上がった側の基礎の下を掘削する作業を開始したとたんに建物はその二万トンという重量でさらに沈みこみ始めたのである。

接地している基礎の面積が半分になればその基礎面積に全重量がかかり、地震時の振動で締め固められた砂がさらに締め固められ、掘削面積が増えるにつれて人力での残りの掘削も次第に困難になったのである。回転させないかぎり、二万トンという重量をジャッキだけで持ち上げて傾きを修整するのは不可能である。さてどうするか？　持ち上げられないのは分かっているから沈めざるを得ない。掘削は困難になるし、掘り過ぎれば建物が滑り込む危険がある。様々な議論の末、結局は掘削した側にもジャッキのための反力杭を作成し、数台の大型ジャッキを入れて引き下げるように作用させ、押上げと引き下げを同期させて慎重に回転させることにしたのであった。

こうして、建物の地下全面に建て起こしをするための反力杭が多数作成され、建物が水平になった後にこの杭が基礎の地下室の梁と連結され基礎杭として使われることになり、ベタ基礎の建物が結果的には杭基礎の建物に変更されたような形となったのである。

一日数センチずつではあるが、傾きが修整されてゆき、ある日みごとにこの建物が水平になった時のことは昨日のことのように思い出すことが出来る。終日、地下の基礎の中で砂にまみれ寒さに震えながら、一日数センチずつの修正を計測して過ごしたあの何十日間の苦労から解放された日であった。月に一度帰る東京への列車が豪雪で立ち往生し、炊き出しを受けながら一晩列車内で過ごした思い出とともに、この新潟地震が残した印象は強烈である。

それにしても、この新潟地震の特異な現象から砂の液状化理論の研究が進められ、それが確立したのはそれから数年後であり、しかもSeed博士等のアメリカの学者によってであった。

新潟震災の真っただ中で、砂にまみれながら過ごした我々日本の技術者が液状化現象の真の原因の究明に何らの寄与もせず、そのことに思いも馳せなかったとは――。

さらにそれから数年後、石油タンクの基礎の液状化防止設計に際して来日したSeed博士の指導を受けながら思ったものである。しょせん現場技術者は科学者にはなり得なかったのか？　と。

（原文「石が教えてくれたこと」二〇〇一・四　郁朋社／二〇一五・一〇　改稿）

二．二　明石の海底は動いたのか——兵庫県南部地震

一九九五年（平成七年）一月十七日未明に発生した「兵庫県南部地震」は明石海峡直下を震源としたマグニチュード七・二の中規模地震であったにもかかわらず、六甲山南山麓に位置する神戸、芦屋、西宮などの都市部に甚大な人的、物的被害をもたらし、我が国のこれまでの耐震設計の常識に大きな警鐘を鳴らした地震として位置づけられている。

神戸を中心とする都市部に被害が集中した原因については、その後の多くの研究から地震波の重合による「盆地端部効果」現象などの解明がなされたが、震源断層の延長と考えられた野島断層周辺の被害とその原因についての検討は意外に少ない。

この野島断層はこれまで活断層（註1）とされてきたことから、活断層と発生した地震についての多くの議論をよび、さらには一般の人々に活断層の存在の危険性を知らしめる結果となった。しかしながら、この活断層の存在が地震被害にどのように影響したのかについて検証した結果はほとんどない。被害記録から見るかぎり、淡路島を縦断したこの野島断層周辺の構造物の被害状況は、マグニ

（註1）地質時代の第四紀（最近の約二五八万年間）に地震時に活動したことが認められるもので、今後も動くことがあると考えられる断層

チュード七・二の地震で発生する地盤振動によるそれ相当のものであり、特に活断層が存在することによって大きくなった気配はない。

このことは、震央に位置していた建設中の世界最長の吊り橋となる明石大橋の基礎周辺の状況からも推定され、基礎への影響はもとより活断層周辺の岩盤にも大きな変状は生ぜしめてはいない。こうした事実は、活断層に対する過大な危険意識をあおる一部の地質学者やジャーナリストへの反証になると思われるとともに今後の活断層評価、研究への貴重な資料となるものと思われる。

ところが、この明石大橋の海底基礎周辺の地震直後の岩盤状況を調査した資料については、急潮流下の海底調査の困難さによる一部の調査の欠如ならびにその構造物が建設途上の世界最長の吊り橋であり、ジャーナリズムによる様々な憶測記事あるいは特定の主張を持つ学者への対策上、現在未公開であり今後も公開されることは無いと考えられる。

このため、この海底調査の結果の一部としての主塔基礎３Ｐ周辺の岩盤状況について、結果が公表されているものについてのみ、調査に携わった一人の岩盤技術者の忘備録の一部としてここにその概要を留めておくことにした。しかるべき時期が来てその詳細が公表されることを望む次第である。海中なるが故の、地上とは較べるべくもない新鮮な岩盤の変位が記録されたそれらの調査資料が内蔵する学術価値には図り知れないものがあると考えられるためである。

震災の報を受けるやいなや、明石大橋基礎の安全性確認のためのプロジェクトが編成され、関係者一同が現地の建設事務所に到着したのはその四日後のことであった。地震の三日後には大阪に到着したものの、現地への道路は寸断され、大阪大正埠頭からチャーターした船で海上からのアプローチとなったのだった。途中の港湾施設の被害のすさまじさに目を瞠りながら神戸に上陸し徒歩で運よく被害をまぬがれた明石大橋建設現場に最も近接したMトンネル工事現場宿舎にたどり着いたのはその日の夜であった。

早速その翌日から吊り橋のケーブル工事作業現場事務所の一角を借りて基礎の安全確認のための調査を開始した。地震発生時にはメインケーブルの緊張は終了しており、ハンガーロープの架設作業の準備中であったが、アンカレッジ、主塔基礎の安全を確認しないかぎり、工事の再開は不可能であり一時的にその事務所を使用することにしたのである。

調査は海中の主塔基礎を施工した、T，K社の基礎設計技術者が各社数人ずつ出向し、海中調査段取りを始め、現場監理、データの収集、解析、報告までを約一カ月で終了すべく作業を開始した。こうした非常事態でのゼネコンという現場組織の力には目を瞠るものがある。海底調査船の段取りから潜水作業者、各種の調査機器類の手配など、この震災の擾乱の最中にもかかわらず準備を整え、この二日後には海底調査に取りかかれたのである。

今の日本でこうした自然災害による非常事態に即応できる組織として、自衛隊とゼネコンはその代表なのであろう。震災直後のあの瓦礫のなかで重機を動かし多くの作業員を動員し、不眠不休で市民の救助、市内復旧に当たった工事現場の職員、作業員たちには今でもねぎらいの心は消えない。宿舎としたトンネル工事現場の建設重機（ブルドーザ、シャベル、バックホウ、ブレーカー、ダンプカー、ロードローラなど）の作業員にいたっては三日三晩一睡もしてない者も多数いたのである。

こうした戦争状態の現場はこれまでに幾度か経験はしていたものの、陸上部の復旧、救助作業とは全くの性質の違う、海中基礎の安全確認のための海中調査にも多くの困難があった。真冬の明石海峡の風と波である。世界最強に近い急潮流の潮止まりを狙って各種の調査をするのだが、波風によって正確な位置の確認が困難なのである。海中のカメラやROV（remote operated vehicle：遠隔操作海中調査機）による海底岩盤の撮影地点の位置の精度は調査結果の解析精度を直接支配する。連日、ゆれる船の中でビデオ画面を眺めながらの調査は身体に堪えたが（船の揺れと画面の揺れですぐに船酔いしてしまう）、非常事態のゼネコンの一員として音を上げるわけにはゆかない。ともかく三週間ほどの昼夜に亘った各種の海底調査及び陸上調査で得られた結果は次のようなものだった。

i　明石大橋の各基礎の地震による水平、垂直変位は1A（NO.1 Anchor-ridge：アンカー）を基準とすれば3P（NO.3基礎）はおおむね西方向へ一・三メートル移動し、北北西にわずかに傾斜しながら約三五センチメートル沈下している。なお2Pは北側にわずかに傾斜したがほとんど水平変位はなく、約六センチメートルほど沈下。4Aは西方向へ一・四メートル移動、約八センチメートル隆起であった。

ii　径間の伸びは1A～2P間はほとんどなく2P～3P間で約八〇センチメートル、3P～4A間で約四〇センチメートルであった（一九九五・一・二七プレス公表・後日修正）。

iii　3P基礎周辺の捨て石は工事完成直後の分布位置に変化はなく、最近割れたり崩れたり移動したりした形跡は全く見られなかった（土木学会報告による。以下同）。

iv　3Pを中心に周囲五百×千メートルの海底を二五測線、述べ一五〇〇メートルに亘って撮影した水中スチールカメラならびに海中テレビカメラの記録と海底サンプリングの結果から基礎周辺の海底部の岩盤に変状が認められた。
3P基礎の西～北西部の捨て石の外側百～二百メートル離れた神戸層群の露岩の表面に地震によって生じたと見られるNNE～EWの二方向の岩盤表面の亀裂が見られた。亀裂の上下、水平変位はその大部分が数センチメートル以内であり、西側が東側に対して相対的にズリ上がったような形跡を示すものと、逆にズリ下がった形跡を示すものの二通りが観察された。
この亀裂系はその形状が今回の地震によって陸上部の野島断層近傍の岩盤に発生した亀裂に酷似しており、この地点から約三百メートル西側に存在すると考えられていた断層F—10の影響を受けたものとも考えられた。なお、調査海域には段差が一〇センチメートルをこえるような新しい海底地形変化は認められなかった。

v　これらの新しい亀裂を含む海底岩盤の表面はサイドスキャンソナーの記録では雁行配列をなしているように見える。

vi　測線数一四、延長一万二千メートルにおよぶマルチファンビームによる精密測深結果から地震前海底の水深変化で平均二一センチメートルの沈みこみとなったが、基準点の変動の確認がとれず有意な差との認定ができなかった。なお、この地点での砂礫の潮流による移動による水深変化はマイナス三・〇～プラス二・〇メートルの範囲にあった。

vii　各種スパーカー、ソーナーブーマを使用した音波探査（四五測線、延三万メートル）の記録によれば3P西側三百メートル付近の地層内のF—1断層と3P基礎との中間付近に既知の断層とは別の、段差は小さいが、明瞭に断層と思われるものが読み取れたが今回の地震で発生したものかどうかについては確定できなかった。

しかし、この断層は幾つかの測線で確認され、又海底面の観察で確認された発生亀裂の方向もこの断層方向に支配されているように思われた。

viii

3P基礎中央部に地盤の長期変形を観測するために設置されていた観測孔の曲りの計測からT・Pマイナス六一・〇メートル付近でそれより下方の岩盤が上方の岩盤に対して約三・五センチメートル西方向に変位していた。この位置はケーソン底面より約四メートル下部に当たり、基礎の慣性力による水平剪断亀裂の発生を示唆していた。

これらの調査結果は、今回の地震によって3P付近に存在した既知の断層が動いたか、新しい小段差の断層が派生して発生したのかを窺わせたが未確認のままである。なお、この小断層や亀裂の発生の有無に関わらず、その後、基礎の躯体コンクリート、主塔基礎部分の詳細な調査の結果、何らの変状も認められてはいない。

この未曾有の災害となった、「兵庫県南部地震」がもたらしたさまざまの事後研究には、地震断層と活断層の関係、地震波の伝播特性、耐震設計基準など多くのものがある。これらの中でも特筆すべきは耐震設計上の入力地震波に対する新しい考え方であろう。この地震発生後、土木学会から提言された「レベル2地震動」においては、「活断層」を考慮した地震動を設定することになったが、この「活断層」に関してはどのようなものを対象とするかについては曖昧なままにされている。今回の地震についても、定義通りに活断層を過去に地震時に地表面で動いた証拠が見られるものとすれば、野島断層のみならずその延長部と思われる既存の断層も若し動いたとすれば活断層と見做さざるを得ない。

地表に現れた野島断層（太田陽子撮影）

しかし、地震時に発生する地表面亀裂や断層は今回の海底調査結果に見られるように、震源断層とは無関係に発生しているものもあるように思われ、これらの地表亀裂や断層が震源断層の延長としての活断層かどうかの認定は困難である。この概念をさらに推し進めれば、今回発生した野島断層さえも地震発生原因としての震源断層の地上部への延長である地震断層なのか、地震時に単に弱線として動いた地表断層なのかの判定は困難である。

こうしたことから、現在活断層と称されている地表断層の全てが震源断層の延長部とは考えられず、地表で見られるすべての活断層から発生地震の規模と最大加速度を設計に考慮すべきとするレベル２の地震動設定方法には大きな疑義を抱かざるを得ない。

ましてや、活断層の存在そのものを原子力発電施設の設置基準にするという現在の安全審査の考え方の是非についても再検討する必要があると考えるのである。

こうした一地質技術者が抱いた素朴な疑問に応えるためにも、この明石海峡部の断層群の地震発生時の挙動ならびに野島断層との関係が今後充分に解明され、活断層と称されるものの評価が定まり、活断層というだけでいたずらに危険視する風潮が糺されることを期待したいものである。

二．三　地質技術者に責任はないのか——東日本大震災（三・一一）

三・一一の大震災から早四年が経過し、これまでの工学技術では対応しきれなかったいわゆる「想定外」の自然現象への対応に関しての議論が深まっている。大惨事が「想定外」の地震とそれによってもたらされた大津波であったことを思えば、こうした自然現象に関わる様々なプロジェクトとともに歩んできた地質技術者（私を含めて）が大きな衝撃を受けたことは言うまでもない。地震の予知、予測に関与しない技術者としての地質家には全く責任はない、と部外者意識を持つ人も多いと思われるがはたしてそう割り切れるものだろうか？　ここらでもう一度我々地質技術者もあの時点でどう行動すべきであったかを考えてみる必要があるのではないだろうか？

一九六一年に大学を卒業して以来、これまでにいわゆるゼネコン、建設コンサルタント、大学とほぼ半世紀に亘って地質技術者として過ごしてきたが、その間に学んだ多くの中で特筆すべきものが幾つかある。その一つが「科学（理学と言いかえてもいい）と工学の間には明瞭な境界はなく、科学的な事象が汎用的な基準の下で実務的に活用される時に初めて工学となる」ともいうべき現実であった。

未知の事象が解明され、それが定理、公理化された時点で工学として一般化され、利用される技術が開発されるのは言うまでもない。しかし、工学的にその技術がどのように利用されるかはその時点での政治、経済環境に左右される。言い換えれば、実用的な利用基準としての計画・設計・製造基準や規格はその時点での行政判断に委ねられているのである。

大震災後に公表された東京電力福島第一原発事故に関する政府の事故調査・検証委員会（畑村洋太郎委員長）の報告書の終わりに「何かを計画、立案、実行するとき、想定なしに行うことはできない、しかし、同時に想定以外のことがありうることを認識すべきである」と述べられている。

これは、工学的には実績を積み重ねられて作られた基準、規格、指針などに準じた対応しかとれないが、そうした対応をとり得なかった事象があればその存在を明らかにしなければならないことを述べているものである。対策をとり得なかった事象の存在を明らかにすることで行政上の責任と個人責任の分離などが明確化され、行政的に対応可能な限界を示す義務の存在を述べたものと解釈できる。

それではこの大震災において、誰がどのように想定外のものを認識し、それにどう対処したのだろうか？

三・一一大地震が未曾有の大惨事となった原因が大津波にあり、その津波による原子力発電所の電源喪失による放射性物質の拡散とそれによる環境汚染が津波そのものによる被害をさらに拡大させたことは明らかである。津波の大きさとは関係なく、非常用電源の防水対策をとっていなかったことにより電源喪失を招いたことは電力会社に責任があるのは当然としても、三・一一以前の大津波の過去の来襲履歴が明らかにされていたことから、それを設計に取り入れて対応策を立案し、対処しなかった電力業界ひいては行政に責任があるとする世論にも十分耳をかたむける必要があろう。

原子力発電所だけではなく一般家庭をふくめたあらゆる構造物に対して、その設計時点では過去の大津波の来襲は「想定」に入っておらず、従来の工学的立場が遵守されていたのは確かである。繰り返すが、工学的な立場とは設計基準、規格などで一般化されたものを実用化、具現化するもので、「想定外」のものを想定内にして対処するものではない。したがって、この報告書の立場を尊重すれば今回の原子力発電所事故の原因となった津波が想定外であったとされるならば工学的には過失はなかったことになる。

一方、過去の大津波の来襲履歴を調査研究した地質科学者は、その存在事実と規模を明らかにしてはいたが、マグニチュード九の地震発生の可能性と同様に、それが工学的に対処すべき「想定内」にあることを指摘するまでには至らなかったこともまた事実である。

地質科学者としての立場からすれば、過去の大津波の発生履歴を研究しその存在と再発の可能性を指摘するということでその責務は充分に果たしている、と考える人も多い。しかし、結果的にはその知見が活用されないままであの大惨事を招いたことを思うとき、想定外としてのM＝9の地震とそれによる大津波の発生についてはあの時点ではそれを認識していた人はなく、必要な説明責任を果たした人は誰もいなかったと言えるのである。

防災とは、一義的には自然災害から国民の生命、財産を保全するために人的、経済的被害を出来るだけ少なくすることを目指した行政対応であり、個人責任での防災行為には一定の限界がある。自然現象が人間に関わる場合にのみ災害となることからすれば地震による災害（震災）は自然現象から誘発された社会・経済現象であり、その意味では行政とそれを支える工学に多くの責任があるとも言える。

例えば三・一一において大きな被害をもたらした液状化現象への対応で見られたように、これまでに「想定内」のものとしてそれへの対応策が確立されていたにも関わらず、個人住宅への適用が考慮されていなかったのは行政ひいては工学の責任であろう。ただ、先に述べたようにこれはあくまで「想定内」のものに対してであって「想定外」のものに対応するものではない。

自然現象には未知のものが無数にあり、しかしそれらは人間の営みに直接関わりがないものが多く、常に「想定外」である。さらに、認識はされていてもその知見が明らかにされていないものも数多い。したがって未知の探求を目指す科学者としての地質学者には地震災害に対する責任は存在しないと考えてよいであろう。

これに対して地質技術者はこうした自然現象が人間社会に関わるときに、自然科学としての地質学の知見を応用し人類・社会に寄与することを目的として活動している。これまでに資源開発、鉄道・道路などのインフラ整備、環境保全などの多くの分野で人類が社会生活を営むための実務者として貢献してきたのである。つまり、地質技術者は自然科学の知見を人類の営みに応用するのがその主な役割であり、科学者ではなく工学者の立場にあると考えられるのである。とすれば、この三・一一の大地震の発生の可能性を確認した地質家が若し地質技術者であったら、その知見を「想定内」のものとして対応策を立案するか、あるいは「想定外」の事項としてその存在を明らかにし、行政的な判断を下すための材料を提供する責務があったと考えてよい。

あの大震災の原因となった大津波の発生が地質学的手法によって科学的に認知されていたにも関わらず、

「なぜ過去の大津波の発生の知見が想定条件にされなかったのか」

「想定条件にされなくとも想定外の事項としてどうして一般に公知されなかったのか」

を考えるとき、地質技術者の役割としての「地質現象の実務への適用」を標榜してきた我々に今大きな課題が突き付けられているのを感じるのである。

これまで、地質科学を応用して地質技術化、いわば地質科学知見を工学化したものは多い。例えば、

＊活断層の規模や活動度などから将来発生すると考えられる地震動の大きさを予測する

＊地層、岩盤の強度や透水性の評価基準を定め「想定内」の設計条件とする

＊ハザードマップを作り地域の防災や環境保全のための対応策の立案のための想定条件を選定する

＊有用資源の探査を行い開発、採取の可能性を想定する。

などなどはその代表的なものであろう。しかしながら、地質技術者としてこれまでに「想定外」の地質知見の一般の人々への説明はどのようにしてきたのだろうか？　また多くの地質事象を行政的に「想定内」にするための材料として工学的に利用できる形で提供してきただろうか？

科学的事実の存在の公知だけでは災害を防ぐことはできない。ジャーナリズムを賑わす一部の科学者による予見や予知は自然現象への対応としての防災とは無縁なのである。一般市民が警鐘を警鐘として受け入れ、個人の責任を認識させるための行政施策が伴わなければならないのである。

我々地質技術者はこうした立場にあったことを再認識するとともに、あの三・一一の大惨事をもた

らした大津波を「想定内」として対応出来なかったことを今一度改めて反省しなければならないのである。

三・一一大震災において、科学的知見としての過去の大津波の発生事実が行政的に工学的な施策となり、さらには想定外の対応としての個人の避難行動指針などがつくられていたとしたらどれだけ犠牲者の数が少なくてすんだか、今一度真摯に検証しなければならない。

我々地質技術者が三・一一において果たさなければならなかった役割

＊地質科学知見の工学への適用、すなわち地質事象の基準化、規格化による「想定内」条件の設定

＊想定外地質知見の一般市民（専門家以外のすべての人々）への説明義務

がどうして果たされなかったのかを今考える必要があるのである。

現在の地震防災はその方策立案の基本としての地震リスクの概念を基にして、行政的に対処されている。この地震リスクとは地震による揺れの大きさ、人口密度、構造物や社会の脆弱性、社会の防災力の関数であり、

想定被害（人的、経済的損出）＝｛（地震力・津波力）×（人口密度・資本集積度）×（脆弱性）｝÷抵抗力

の評価でその対応が決められている。リスクに想定される自然外力としての地震力は、過去に発生した地震情報を統計・確率処理されたものから算出されており、その大きさに応じて工学的な手法がとられることになる。したがって、想定された地震力は工学としての評価手法で設定されたものであり、自然科学の知見としての過去の発生地震から算定されたものではない。このため、想定外とされたM＝９クラスの地震津波についてはその存在は明らかにされていたが、施策にまでは至っておらず

工学的には対応されなかったものと考えてよい。

地質技術者が三・一一を予測し、実務的な対応をとるべきと「想定した」にもかかわらずその想定を「想定内」のものとして行政的に施策にできなかったことは、地質技術者が工学者として防災施策に関与しなかったのか、あるいは出来なかったのかが今問われているのである。つまり、地質技術者が科学分野の知見を工学分野へ適用するという工学的な立場にあったにもかかわらず、防災の実務に携わっていた地質技術者は科学的知見としての自然外力の存在を明らかにするだけの科学者然とした態度に終始していたのである。

自然現象が自然災害となるのを防ぐには、実務に携わる地質技術者が災害を受ける人間と関わりあうという立場を認識し、その従事している時点で果たすべき役割を常に自覚していなければならないのである。

元来、我々地質技術者が依って立つ近代地質学の創設者といわれるW. Smithは運河の開削設計技術者としての工学者であった。彼が地層の対比という手段を用いて運河開削工事への適用を図った工学的な行為は、その後、地層の成因と生成史を解明する科学へと展開・発展し、近代地質学の父といわれるまでになったのである。しかし彼は、地層の対比によってそれを運河開削設計に適用するという工学的目的のためにその手段を開発したのであって、科学的な探求目的は全くなく、いわば現在の地質技術者的立場にあったとされている。

この事実は、W. Smithのジオロジー（地質学）が科学としての地質学とは一線を画すものであり、地質学と称されている現在の学問体系ではなく工学としての地質学であったことを示唆している。地層の対比という手段を用いて解明された大津波の来襲履歴が、地質学の父が目指した工学へ適用されなかったというのは科学史の中での皮肉としか言いようがない。三・一一の大惨劇を繰り返さないためには、本来の実務的な学問として地質学の父が目指した地質技術ともいうべき技術体系を再構築すべき時なのであろう。

このことはとりもなおさず、土を「想定内」の設定条件にすべく土質力学の体系を構築した地質技術者としての C. Terzaghi が目指した道でもある、と同時に我々地質技術者が目指すべき道なのである。

（原文　今、「応用地質学」を考える．応用地質　二〇一二・一〇／二〇一五・一〇　改稿）

第三節　今、ジオロジー（Geology）について思うこと

昭和三六年（一九六一年）、大学の理学部地質学科を卒業して以来、ほぼ半世紀に亘って各種の建設プロジェクトに伴うさまざまな種類の岩盤地質の調査・設計・施工にたずさわってきたが、最近になってジオロジー（geology：地質、地質学）についていろいろと考えることが多くなってきた。

卒業した昭和三六年は三年後の東京オリンピックの開催を控え、日本は高度成長の入り口にさしかかっていた。地質学科の岩石学講座を卒業し、土木、建築の施工会社に就職したものの、学校で教え

られた調査法や試験法をどう仕事に生かすか教えてくれる人もなく入社後しばらく途方に暮れていたことが強く記憶に残っている。

その後二年ほど、大学や国立の研究所などで土木工学の研修を受け、入社後三年たってやっと国内、国外の建設プロジェクトに参画できるようになったのである。これまでの五〇年間の業務のうちその三分の一が建設現場の工事管理、三分の一が建設技術開発、三分の一が建設工事の設計コンサルタント業務といったところであり、実に多くの建設現場を体験させてもらった。

それぞれの仕事のいずれも忘れ難いものだが、その中でも特に記憶に残っているものが幾つかある。富士山頂気象レーダ基地建設、瀬戸大橋建設、砂漠緑化の三つのプロジェクトである。

富士山頂気象レーダ基地建設プロジェクトが開始されたのは昭和三九年（一九六四年）、入社後三年目の初めての建設現場であった。日本の最高地点で、永久凍土の中に当時の日本における最大の気象観測レーダ基地を建設し、しかもその基礎コンクリートをヘリコプターで打設するという得難い経験をした。後に、このプロジェクトに従事した人々をとりあげたＮＨＫ特集番組「プロジェクトＸ」の第一回目の放送での反響の大きさに驚くとともに、新入社員として初めて参画したこの基地が私の現業からの退役と時を同じくして解体・廃止されたのを目のあたりにして特に印象に残ったプロジェクトとなっている。

瀬戸大橋は本州四国架橋プロジェクトの一つであり、昭和四四年（一九六九年）から五〇年（一九七五）年の六年に亘って、瀬戸内海の水深三五メートル、潮流五ノットの海底にケーソン基礎を設置するための海洋工事に従事した。海底の岩盤を掘削するための工法開発、実験工事、施工管理が主な業務であった。日本で初めての大型の海上作業台を使用しての大規模海底爆破掘削工法を開発し、現地で適用しながら過ごした数年間はつい最近の出来事のようにその記憶は鮮明である。この間に経験した多くの海底調査技術はその後の業務にどれだけ貢献したか測り知れない。

砂漠緑化プロジェクトは、サハラ砂漠の南部の砂漠化が激しい地帯に地下ダムを建設し、雨季の降雨を地下貯蔵して植林用の灌漑に利用しようとする日本のアフリカ援助プロジェクトであった。一九八九年からほぼ四年に亘ってサハラ砂漠に埋もれた化石谷（註2）を探すべく、ランドサット画像と地下レーダを武器に熱砂の砂漠を数千キロに亘って駆け巡った。立地点を選定し、モデルプラントを建設し、その実用性を確認するという業務はこれまでに全く未経験の分野であった。

これらの山、海、砂漠で展開された多くのプロジェクトを通して、その何れもが地表の岩と水に関わる業務であり、地質につながる多くの工学技術に支えられた仕事であったことが今更ながら実感されるのである。

地球科学の一端としての地質学を教育された人々の大半が科学者として研究、教育に携わっていた時代は大きく変わり、今や地質学科卒業生の大部分がこうした技術者として実務についているのが現状なのである。

「地質学の父」といわれるWilliam Smith（一七六九～一八三九）は英国の運河の開削設計技術者であり、水理設計上のノウハウとしての地層対比で「近代地質学」を創成したとされている。しかし今

（註2）数千年前までは河川だったものが現在は砂に埋もれている谷状地形

では、彼は終生実務者としての実利を考えていた技術者であり、彼の作成した「地質図（geological map）」の特許をめぐる紛争からみても、いわゆる科学者ではなかったと考えられているのである。このことはスミスが「地質図は発明品である」と認識しており、その地図が利用価値を持つ実用品であることを主張し、それによって生計をたてていたことから明らかにされている。

彼が作成した地質図は資源探査に有用であり、それが英国の石炭産業を主とした鉱山開発の発展と運河建設に寄与し、産業革命に至らしめたことから彼が「地質学の父」と知られることになったのである。これらのことを思うと、当時のジオロジスト（geologist：地質学者又は地質家と訳されている）はそのころの英国社会においては技術者として認知されていたのではないのだろうか？　つまり、スミスの「地質学」は実学を主としており、真理を探求する科学とは一線を画すものであったとも思えるのである。

地質学に対するこのような見解は欧米においては現在にも引き継がれており、ジオロジストは科学者としてより実務的な技術者として一般社会に受け入れられているように思えてならないのである。たとえば私が愛読する欧米、特に英国の冒険活劇小説の主人公に多くのジオロジストが登場することなどからも何となくそう感じることが多いのである。それらの主人公はある時は地震災害時の危機管理局の責任者であったり、ある時はダム建設の設計技術者であったり、はたまた法廷裁判人だったりするものの、そのいずれもがジオロジストとして様々な分野で大活躍している。私のわずかな読書歴からの感じだけからだが、日本のこの種の小説にジオロジストが登場するのを読んだ記憶がないのは、やはり日本では地質学は科学としてのみ認知されており、ジオロジスト（geologist）には地質学者としての概念しか一般社会には存在しないと思われているようでならない。

日本においてもスミスが目指した実務的な地質図（資源探査、防災などに利用可能なようにつくられたもの）の作成に携わる人々は多数いる。しかしながら、それらの人々がトンネルやダム技術者としてのジオロジスト、衛星画像解析技術者としてのジオロジスト、資源の輸入商社員としてのジオロジストなど、さまざまな生活に密着した実務技術者として活躍していることなど一般の人々が知る機会はほとんどない。

つまり我が国においては「地質学（Geology）」は実学として多くの実績を持つにもかかわらず、一般の人々にとっては科学としての概念しか存在しないとも考えられるのである。

地質学（Geology）に対する見方の、こうした我彼の差はどうしてできたのかを思うとき、本来、スミスの地質学（Geology）は科学と工学の二面性を持っていたにも関わらず、明治初期に当時の新しい学問として導入されたジオロジー（Geology）が「地質学」と訳されて以来、我が国においては大学理学部における科学教育だけが行われてきたことに由来する、との説がいまさらながら納得ゆくのである。

数年前、中国のタクラマカン砂漠の史跡をたどる旅の途中の西域で、油田と風力発電の大規模開発現場を見学していた時のことである。案内してくれた現地のガイドに油田の開発について「ここはどこが所轄しているのですか」と尋ねたところ「地質局です」との答えが返ってきた。風力発電についても同じことを聞くと同じく「地質局です」という。発電事業が地質局の所管とは中国らしい大まかな組織だなと思っていたが、念のため帰国後調べてみると風力発電はやはり発電部が所轄するとのことであった。西域における油田開発をはじめとして道路整備や砂漠緑化などの多くの事業に地質局が関与しているため風力発電も地質局が所管しているのだとガイドが誤解していただけだったのだが——。

ことほど左様に、中国では「地質」および「地質家」は日常的な技術および技術者として社会に受け入れられているように思われる。このことは中国が「地質学」を科学と技術の両面から捉える欧米型の教育を行っており、その成果が普遍化された地質技術として受け入れられていると考えてよいのだろう。

中国には地質大学や地質専門学校まであり、地質大学出身の恩家宝首相（総理）まで輩出するほど実社会に溶け込んでいるのである。日本の地質技術者が大学において科学としての地質学教育を受け、地球技術ともいうべき技術は大学卒業後に、実務を通して身につけてきたのと大違いであり、地質学教育の我彼の差を見せつけられている感じがしてならない。

現在、日本の大学では地質学は地球惑星科学の一部として科学研究は行われているものの実務面への応用技術としての地質学教育体制は存在しない。このためこうした地質学教育の片務性と相まって一般の人々の地質学への関心は薄く、ジャーナリズムに取り上げられる一部の学者によってしか地質学の存在が話題になることはない。

理科離れがささやかれている昨今様々な改善策が提言されているが、その一つに科学がどう社会に貢献しているのかを広宣することも有力な手段といわれている。それであれば、自然科学と実用工学の二面性を持つ地質学及び地質技術、特に地質技術者としてのジオロジストの活動を広く世に知らしめることも充分その一つになり得るに違いない。

しかし、こうした地質技術者の社会的認知度を向上させることはそう簡単なことではない。初等教育における自然科学としての地学の教育体制の充実を図るとともに、各個人としての地質技術者の積極的な地域活動に期待がかかっているのである。

（原文　近ごろ思うことなど・「能古」第四六号二〇一五・七／二〇一五・一〇改稿）

中尾　健兒

工学博士
技術士
（応用理学部門　地質）
日本応用地質学会名誉会員

著者略歴

一九三七年　福岡県に生まれる
一九六一年　九州大学理学部地質学科卒業　大成建設（株）入社
　　　　　　建設省土木研究所出向、ＭＩＴ研修生を経て国内、海外の建設工事に従事。
一九七二年　同社高松支店配属、本州四国連絡橋瀬戸大橋基礎の設計施工に従事
一九八一年　大成建設技術研究所地盤研究室長を経て同所主幹研究部長。官公庁、学・協会の委員、大学講師を歴任。
一九九六年　川崎地質（株）、取締役技術本部長。中央大学兼任教授
　　　　　　武漢岩土力学研究所招聘教授
二〇〇二年　中尾地質設計事務所代表
二〇〇八年　地圏環境テクノロジー株式会社・顧問、現在に至る。

主要図書

吉中・中尾他『岩盤分類とその適用』土木工学社　一九八八
土木学会岩盤力学委員会編『ダムの岩盤掘削』土木学会　一九九四
中尾健兒、小島圭二『地質技術の基礎と実務』鹿島出版会一九九七
中尾健兒『石が教えてくれたこと』郁朋社　二〇〇一年
など多数

斜面防災対策における地形地質情報の見逃し体験記

奥園　誠之

【目次】

斜面防災対策における地形地質情報の見逃し体験記

奥園　誠之

はじめに

近年豪雨や地震による斜面災害が増えていると聞く。特に地球温暖化のせいか雨が一定時間に集中して降る傾向が窺える。またインフラ整備の進行に伴う山岳地帯での人工斜面、特に切土のり面の崩壊による人的被害も後を絶たない。これら災害の原因となる地盤条件は①物性（土質・地質）、②構造〈地質構造〉、③水〈地下水・表面水〉等の複雑な絡み合わせが素因となることが多い。何れの要因も自然地形と地質情報の把握が大切であることは言うまでもない。

次にこれ等の情報が斜面安定〈崩壊〉に繋がるかどうかの解釈が大切な要因となり、技術者の真意が問われることになる。これは医者の世界では名医と評価されるか誤診を繰り返すやぶ医者と評価されるかに似ている。

いま「誤診」という言葉を使ったが何が誤診かを考えてみる。

まず医者が一見健康そうな人間に癌もどき兆候（例えばポリープ）を発見したとする。医師Aは早期発見早期治療で摘出手術をした。医師Bは良性と診て見過したとする。結果が何事も無ければBは名医と言えるし、Aは誤診かもしれないが不問にされる。これが逆に悪化した場合はBの診断は誤診となりやぶ扱いされる可能性がある。つまり本当の名医となるためにはリスクが付きまとうことになる。斜面防災技術者にも似たような判断が強いられることがある。危ない危ないとばかり言っていたのでは現場は仕事にならない。現場技術者にはある程度の割り切りが必要となってくる。この割り切りがしばしば「誤診」の素となる。ここは学識経験者のお墨付きが欲しいところであるが、先生方はなかなか歯切れが悪く、先述の医師Aのような判定をされることが多い。

筆者もこれまでの仕事の関係上、高速道路を中心に全国の斜面・のり面を見せていただく機会が多かった。この場合災害が起こった後に呼ばれる方が気が楽である。なぜなら最悪の状態を過ぎた後であることと、崩壊したあとを見ればその原因も分かりやすいし、復旧対策も結論が出しやすいからである。これは医者の世界での悪化した病状を見れば病名は分かりやすいし的確な対処もやり易いのに似ている。これが崩壊していない斜面やこれから切ろうとするのり面に呼ばれた場合は大変である。これは医者が一見健康そうな人から正確に病気を見つけ出す仕事に似ている。一番いけないのが、近い将来答えが出る現場である。大丈夫と現場の人を安心させたのり面が数ヵ月後に大きな地すべりを起こした場合、再びその現場に行くときの足の重さ、言い訳を列車の中で考える惨めさを味わったことは一度や二度ではない。

本小論は、筆者を含めた高速道路建設現場技術者が体験した「誤診」というよりも地盤情報の「見逃し」によって引き起こした地すべり災害対策事例を紹介するものである。

事例中多くの旧日本道路公団時代の図面や資料・データ等を引用していることを記してお断わりすると共に感謝の念を表したい。

第一節　深部からの変状を見逃した事例「鳥取自動車道用瀬《もちがせ》地区の例」

一・一　地形・地質の概要

当地区の地形は比較的なだらかな小丘と窪地が分布し、それを取り囲むように急斜面が分布している。これは後で判明したことであるが、古い時代の大規模な地すべり地形といえる。

地質は結晶片岩（三郡変成岩）を基底とし、新第三紀の凝灰岩（河原火砕岩）よりなる丘陵地である。上部凝灰岩は角礫岩、下部は小礫岩と軟弱化した細粒岩の互層で構成されている。これらがいわゆるキャップロック構造となり多量の地下水が包含されていた。この軟弱化層と基底の片岩が後に現れる深部すべりの位置となった。

一・二　当初の計画・設計・施工

高速道路は丘陵地斜面に本線及びインターチェンジが計画され、そのため山側に長大な切土のり面（切土高五〇メートル七段）が設計された。のり面勾配は土砂部で一割二分（四〇度）、軟岩部で一割（四五度）、下一段目に三メートルの幅広小段及び最下段に五メートルの側道が設けられるという、比較的余裕を持った設計施工がなされていた。図〇-1-1参照。

一・三　施工および地すべりの発生

二〇〇五年より掘削が開始された。当初から小規模な地すべりやのり面崩壊が懸念されたため、掘削に応じてボーリングを利用した地中変位（孔内傾斜計）や地表面の変位〈光波測量〉等の

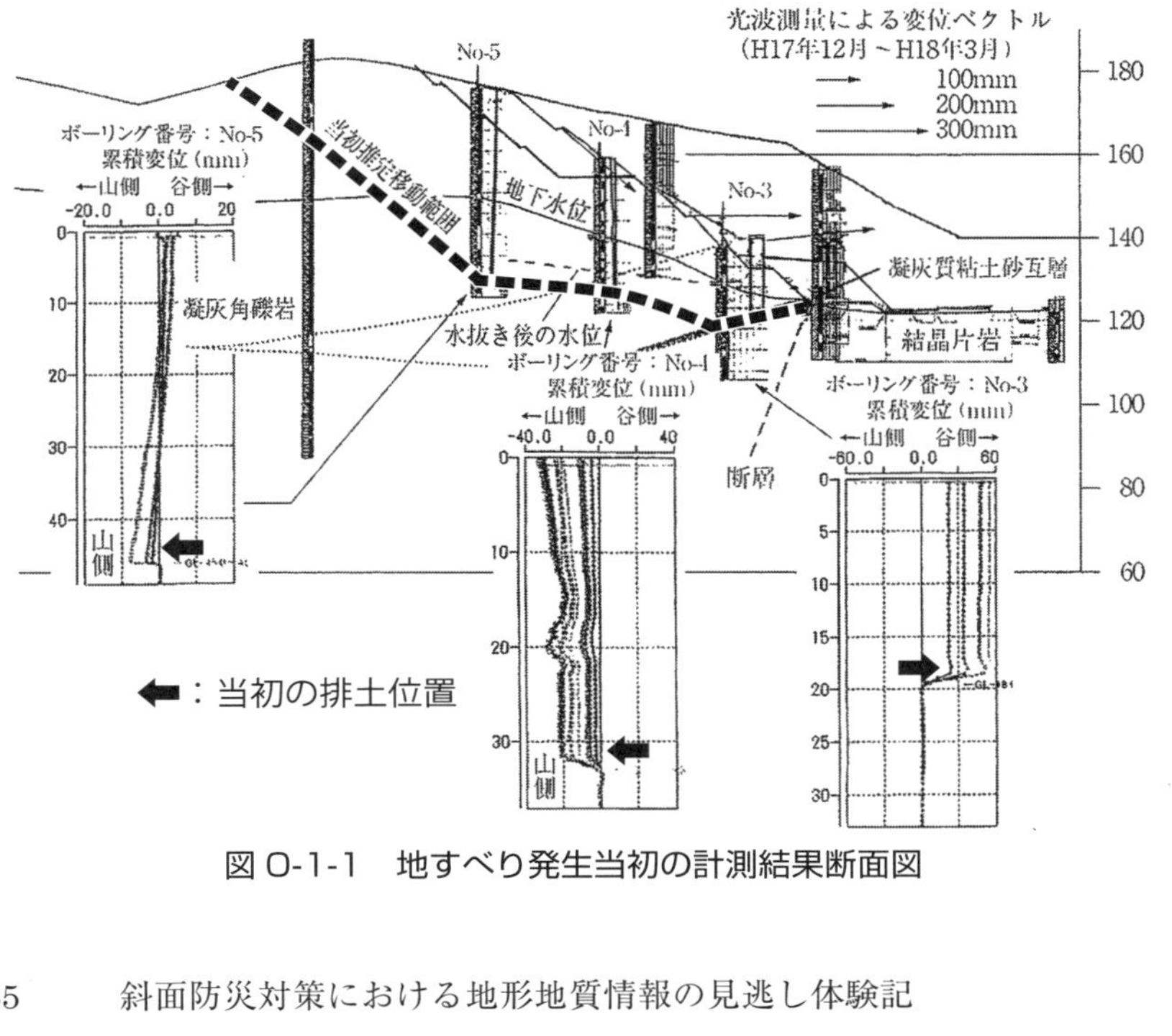

図〇-1-1　地すべり発生当初の計測結果断面図

のり面の計測がなされていた。

二〇〇六年に入り、のり面の変状（亀裂）が目立ち始めたため、下一段を残して掘削を中止した。この時点の掘削と変位状況を図〇−1−1に示す。この図のすべり面は孔内傾斜計の変位の大きいゾーンを結んでいた。取り敢えずの対策として、上三段分ののり面を奥に追込むように頭部排土した。これが後々禍根を残すことになった。結果論ではあるが、抑えとなる受動領域を軽くしてしまった。変位はますます地中深く、かつ奥へと拡がっていった。

一・四　深部調査による地すべりの実態

図〇−1−2は当初の対策前ののり面中腹にあった孔内傾斜計による地中変位（A）と、その後同位置でさらに深部まで削孔して計測した地中変位（B）の形状を比較したものである。A〈左〉は浅部が山側に変位したかのごとく見えるが、B〈右〉は全体にしかも深部が浅部よりも大きく谷側に動いていたことが分かる。つまりAの孔内の深部は不動点ではなく、実はもっと深い位

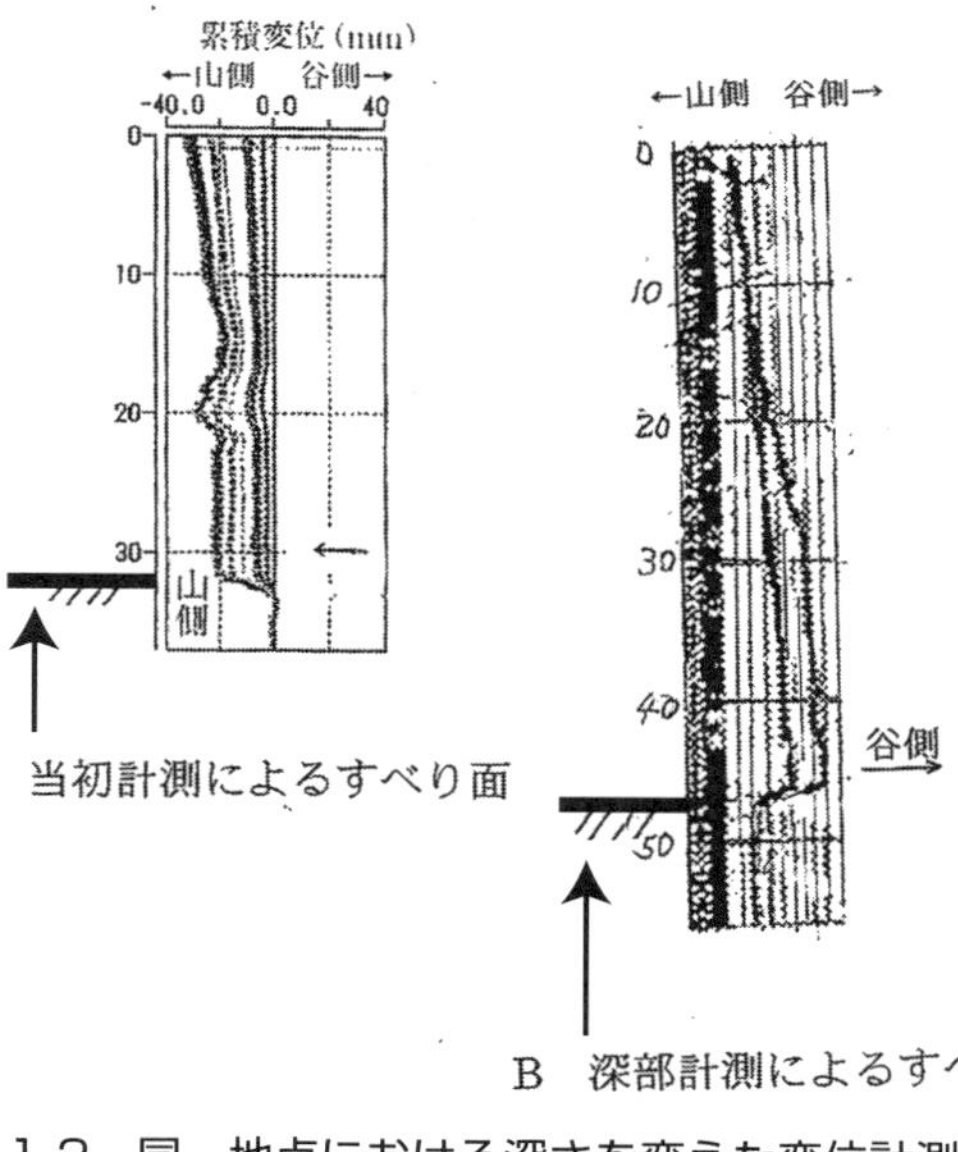

図 0-1-2　同一地点における深さを変えた変位計測の違い

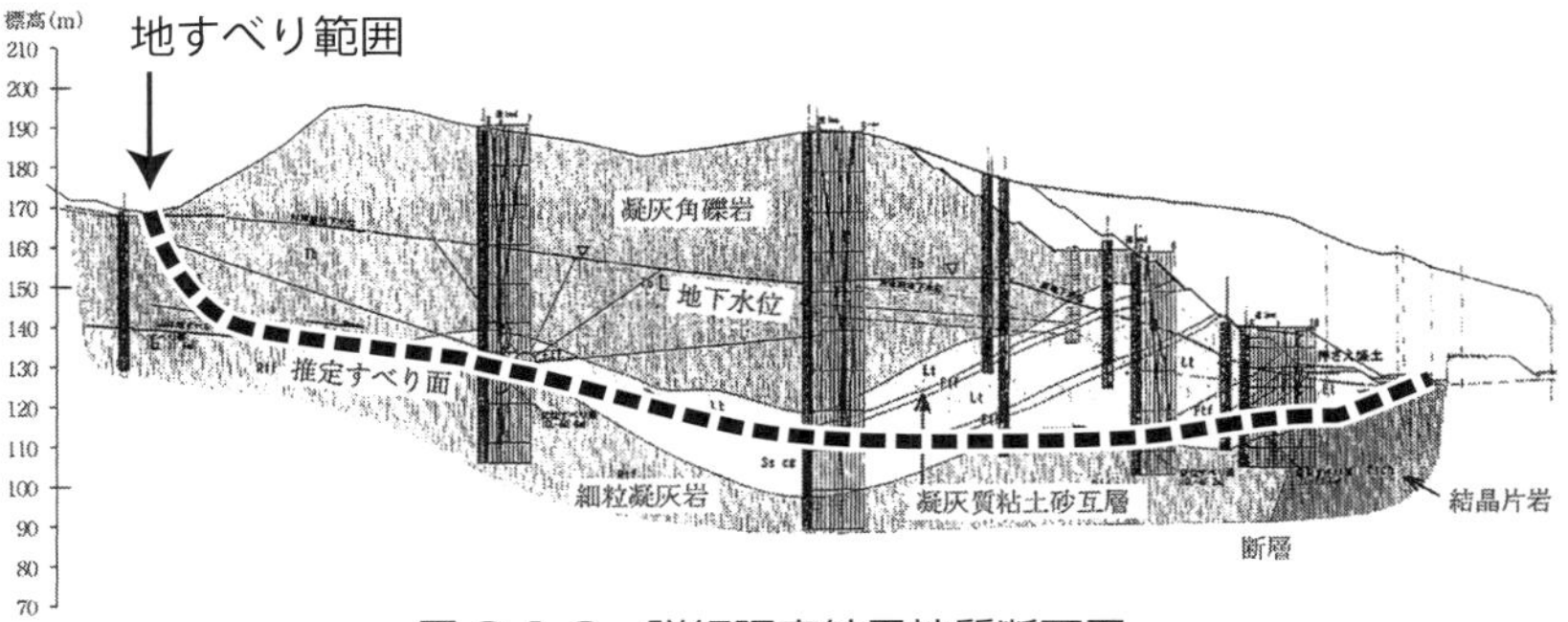

図 O-1-3　詳細調査結果地質断面図

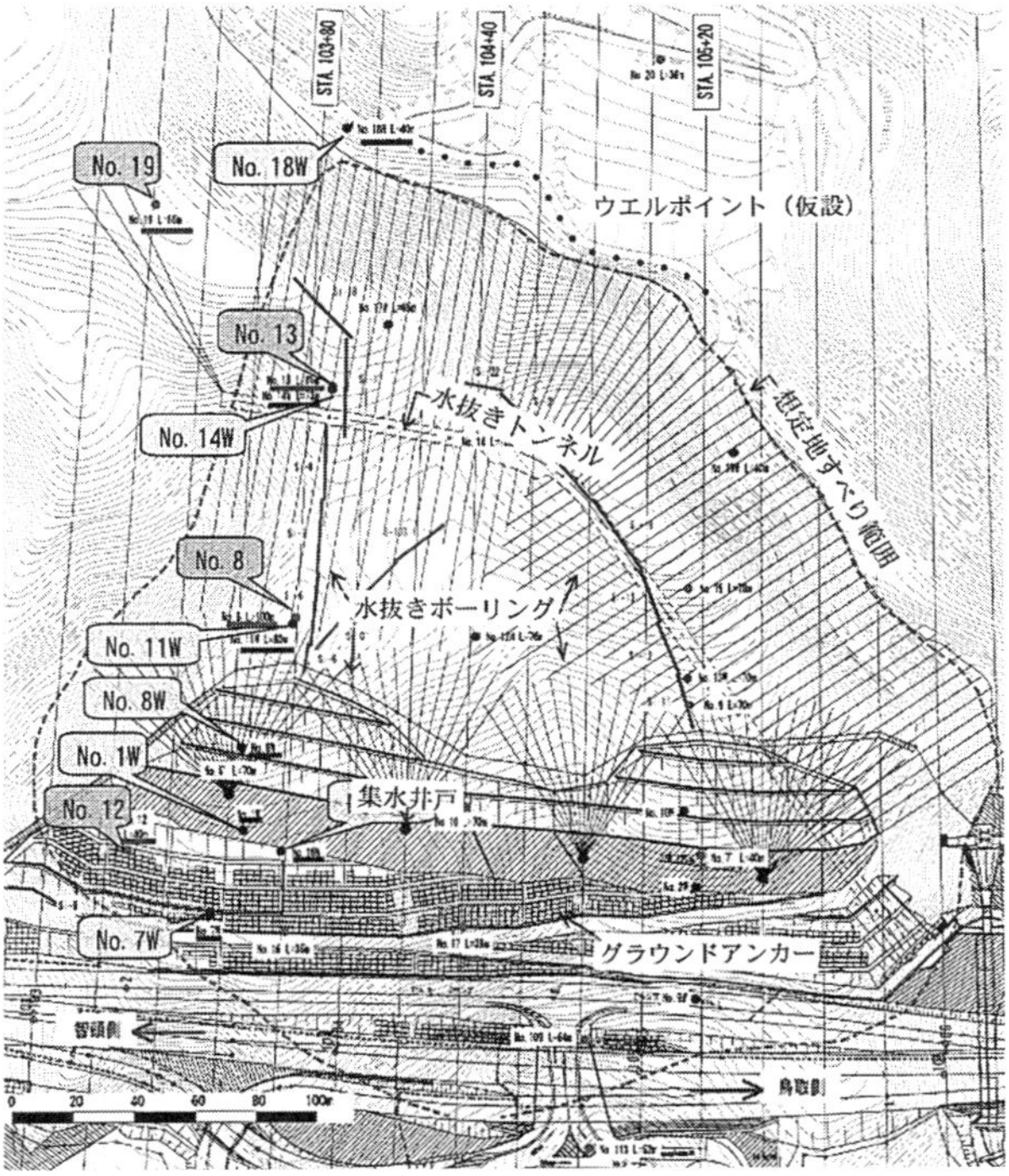

図 O-1-4　地すべり復旧対策工平面図

置の地層が逆に谷側に大きく動いていたということになる。饅頭に例えれば、上皮を残したまま餡子の方がより大きく右方向へ飛び出していたことになる。いずれにしても地すべりは図O−1−3および図O−1−4に示すように当初の予測をはるかに超えた深く、かつ広範囲なものへと拡大していった。

一・五　復旧対策

地すべり対策は地下水排除工（横孔ボーリング・集水井戸・集水トンネル等）で可能な限り安全率を稼ぎ、不足分をグラウンドアンカーで補う方針となった。すなわち対策前の安全率Fsを〇・九八とし、地下水対策でそれを一・一〇まで上げ、アンカー（自由長最大八〇メートル）で一・二〇まで持っていくという設計がなされた。対策工の概要を図O-1-4、図O-1-5に示す。地下水排除工は先ず渓流からの水の侵入を阻止するために仮設的にウェルポイントを沢の中に設置し、のり面中腹に四基の集水井を掘り、最後に排水トンネルを施工した。またアンカーはすべり面が深いため、八〇メートルを超える長尺となった。施工は昼夜突貫で行われた。結果的には集水トンネルが功を奏して八メートルもの水位低下が見られ、十分な安全率の確保ができた。

一・六　本事例で得られた教訓と反省点

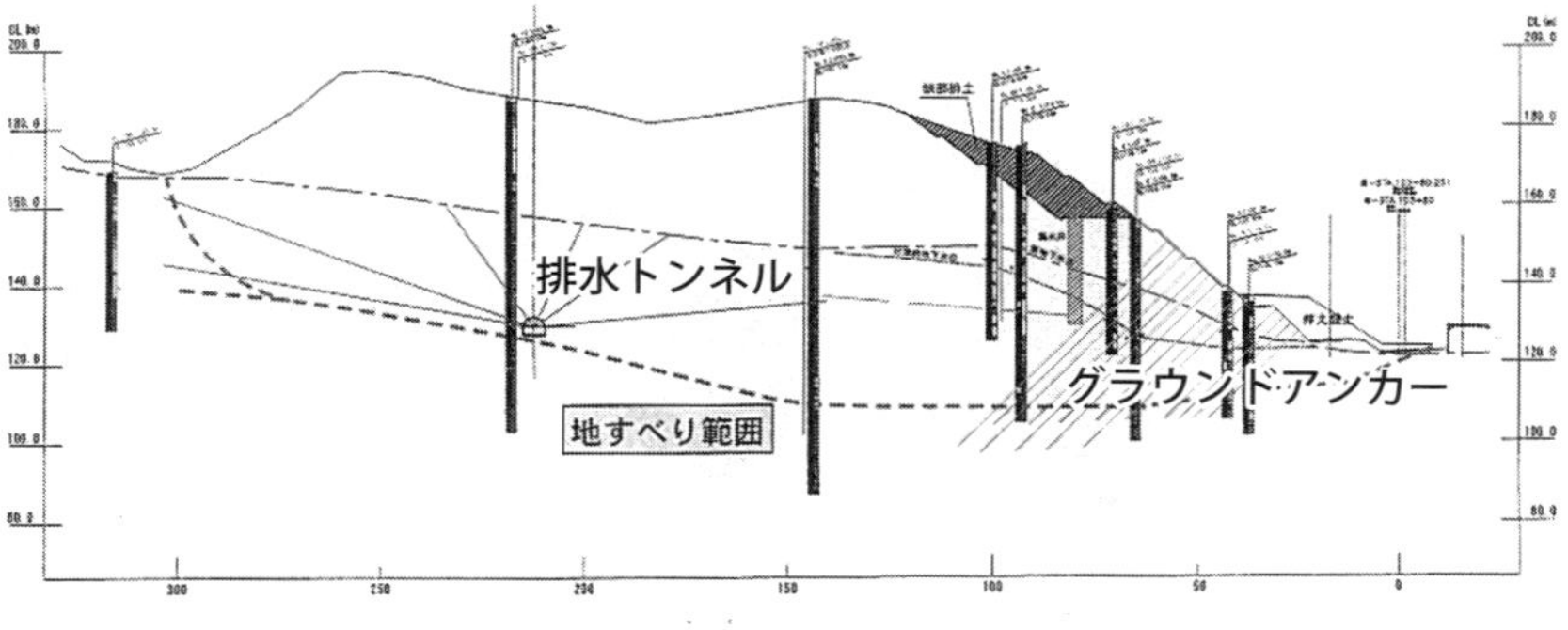

図 O-1-5　対策工断面図

（一）教訓

図〇―1―6は地すべりを起こした後から作成した当地区の地すべり地形判読図である。勿論結果論からスタートしたもので、このような古期地すべり跡地を路線計画段階から判読できたかどうか、筆者には自信が無い。しかし復旧対策費十数億円という貴重な授業料を払ったと考えれば、今後の教訓としてこれを活かすべきである。

（二）反省点

再度図〇―1―1を御覧いただきたい。地中変位があたかも山側に向かって変位しているように見えるにも関わらず、地表の変位〈光波測量による＝のり面上の矢印〉は谷側に向かっている。この時点ですべり面が深い位置にあることに気付くべきであった。結果的には上部のり面の排土は押え〈受動〉領域を排除したことになり、さらに地すべり規模を拡大さ

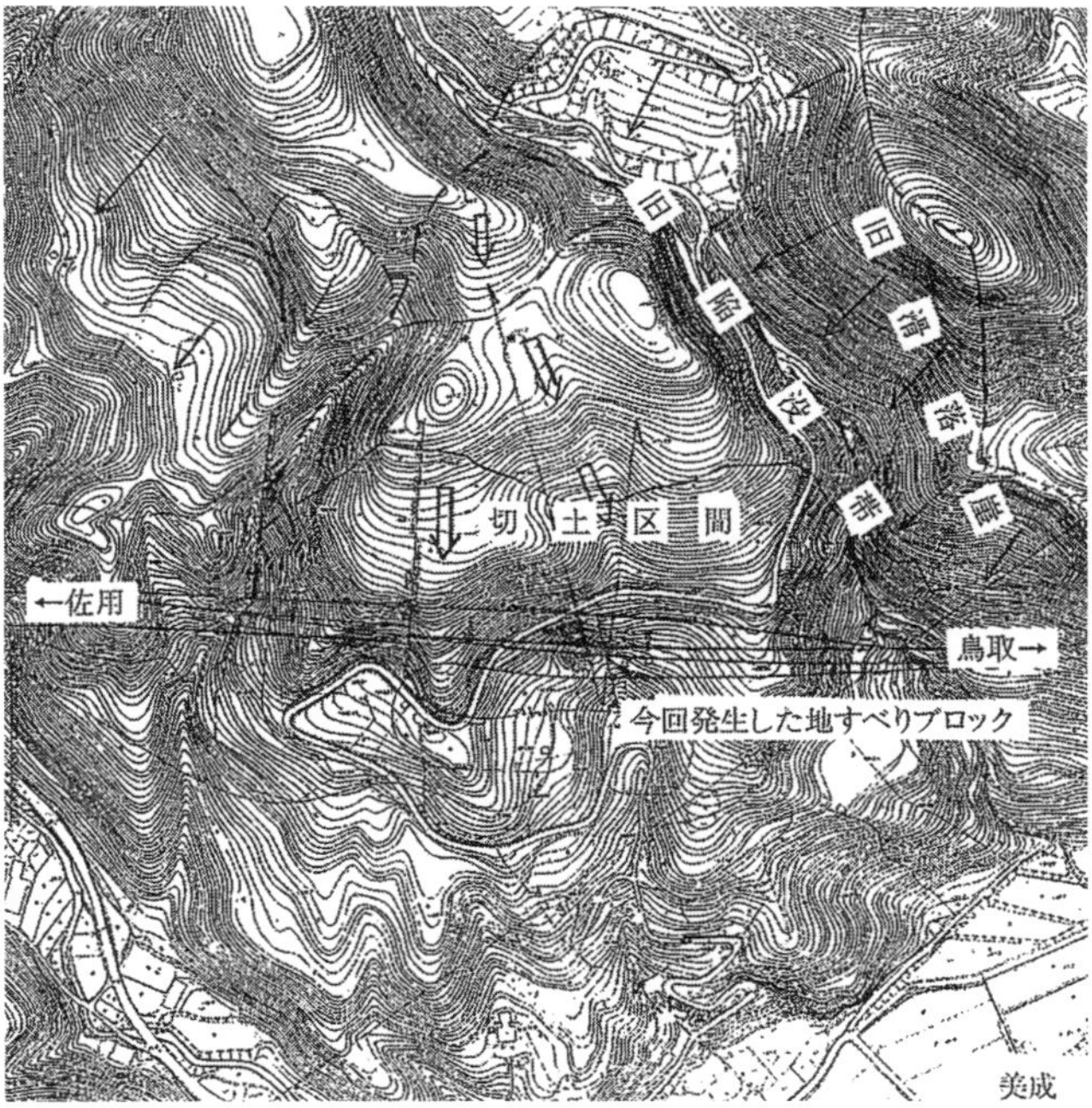

図 O-1-6　美成地区古期地すべりブロックと切土の位置関係

せてしまった。これは筆者を含めて現場技術者の反省点と考える。

第二節　初生型地すべり地形を見逃して切土した事例「東北道松川地区の例」

二．一　地形・地質の概要

当地区は図O-2-1に示すような勾配三〇度程度のやや急斜面と二段の平坦面を持つ緩斜面からなる凸状尾根型の丘陵地の切土地点である。同図に示すように、緩斜面には崩積土型の小規模な地すべり地形（A・B・C）が点在している。地質構成は上方急斜面部は石英閃緑岩と新第三紀の泥岩・凝灰岩よりなり、緩斜面部はこれ等を基盤として、その上部に安達太良山火山群を起源とする火山噴出物（火山灰・スコリア・降下軽石・火山泥流等）が堆積している。基盤の第三紀層と火山噴出物との境界には酸性凝灰質粘土（浮石質）が堆積しており、その傾きがのり面方向に傾斜している、いわゆる「流れ盤」関係となっており、これが後述のすべり面となった。

二．二　当初の設計施工状況

高速道路本線はこの丘陵地を約一五メートル掘り下げる計画で一九七二年より着工された。切土のり面勾配は土砂部で一割二分、軟岩部で一割という、比較的余裕を持った設計がなされていた。のり面に変状が現れたのは約一年後の掘削が約六〇パーセントに達した段階であり、筆者が関与したのはこの時点からである。

二・三　地すべりの経緯

掘削中の地すべりは二回にわたって起こっている。図〇-2-2に地すべりの形状を示す。最初の亀裂は下段の尾根状の台地を切り込んだのり面上部に現れた。直ちに掘削を中止したが、後から考えると、このとき押え盛土（カウンターウエイト）をしておくべきであった。

折からの降雨（梅雨期）の影響もあって亀裂はその後も進行し、さらに上段の緩斜面台地の付け

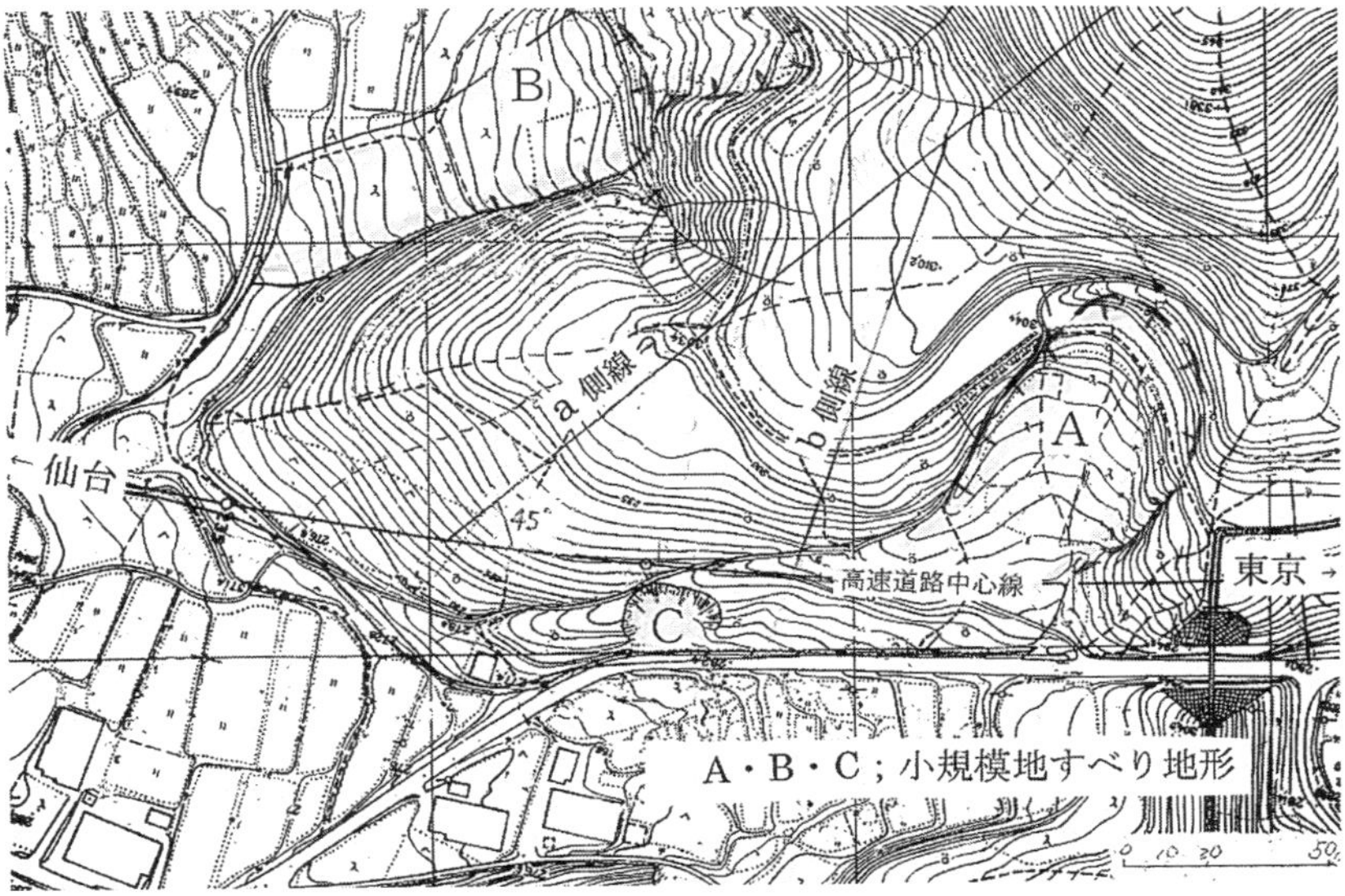

図 0-2-1　松川地区道路計画段階（切土前）原地形図

根（遷緩線）まで達した。地すべりの方向は本線直角方向（のり面方向）ではなく、約四五度ほど北寄りの斜め（スキウ）方向であった。

二・四　復旧対策

復旧対策は降雨日が少なくなり、変位速度が小さくなるのを待って施工された。

先ず応急対策として水平ボーリングにより少しでも地下水位を低下させることを目指し、地すべり運動の沈静化を図った。

次に図〇-2-2に示したように奥まで達した亀裂部分のすべり土塊を約一五万立方メートル排土し、すべり力の軽減を図った。さらに図〇-2-3に示すように集水井戸を二基設け、その中から水平ボーリングを放射状に掘り周辺から集水した。水は良く出て、地下水の排除効果が十分あったと解釈され、このとき計画中であった抑止杭は当面見送ることになった。これ等の対策により地すべり運動は停止し、とにかく道路は供用開始に漕ぎ着けることができた。

しかし開通して六年後に再度のり面に変状が現れたため、結局当初計画されていた抑止杭（深礎）を打つことになった。

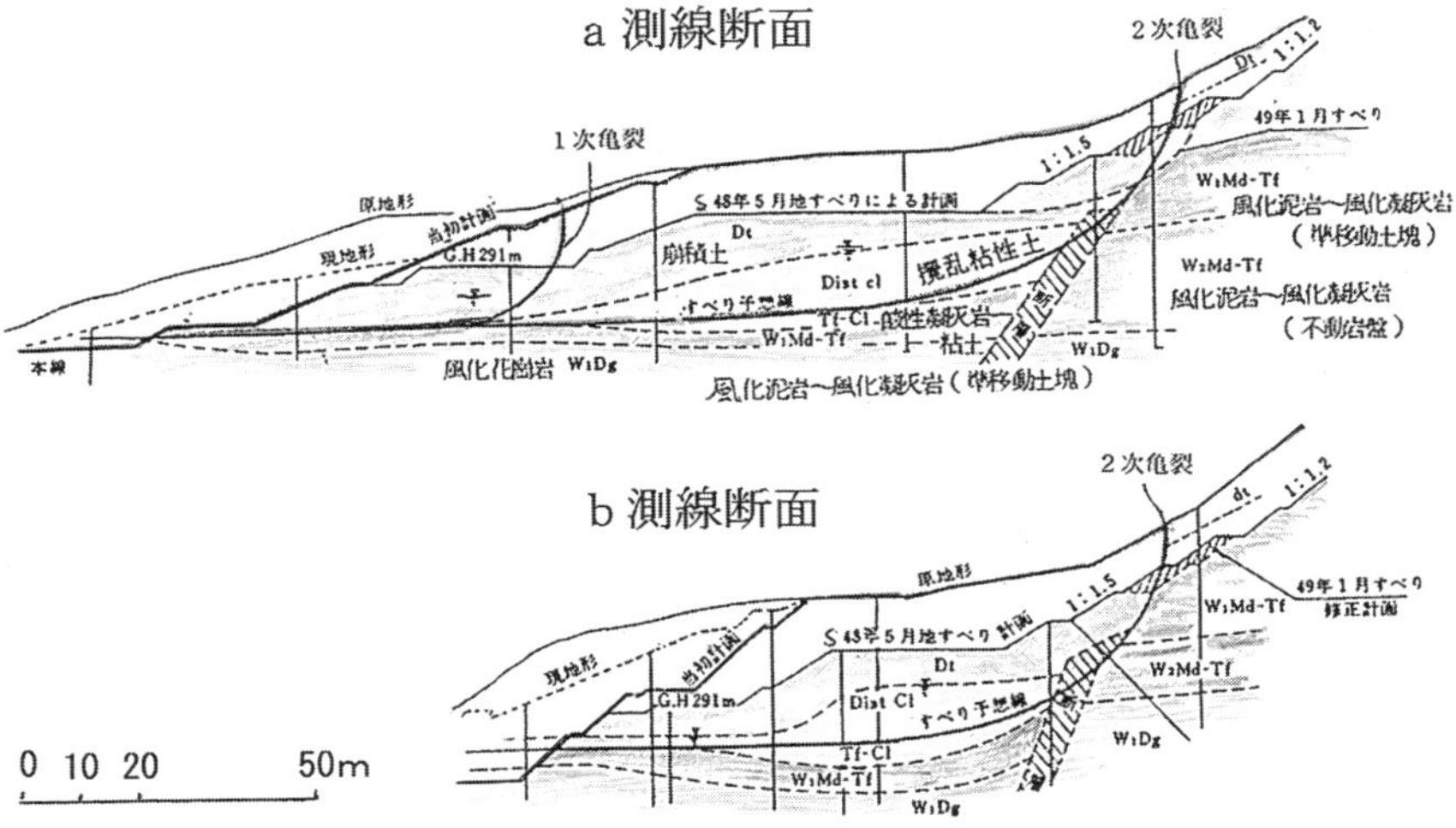

図 0-2-2　1次、2次すべり及び切り直し(排土)断面図

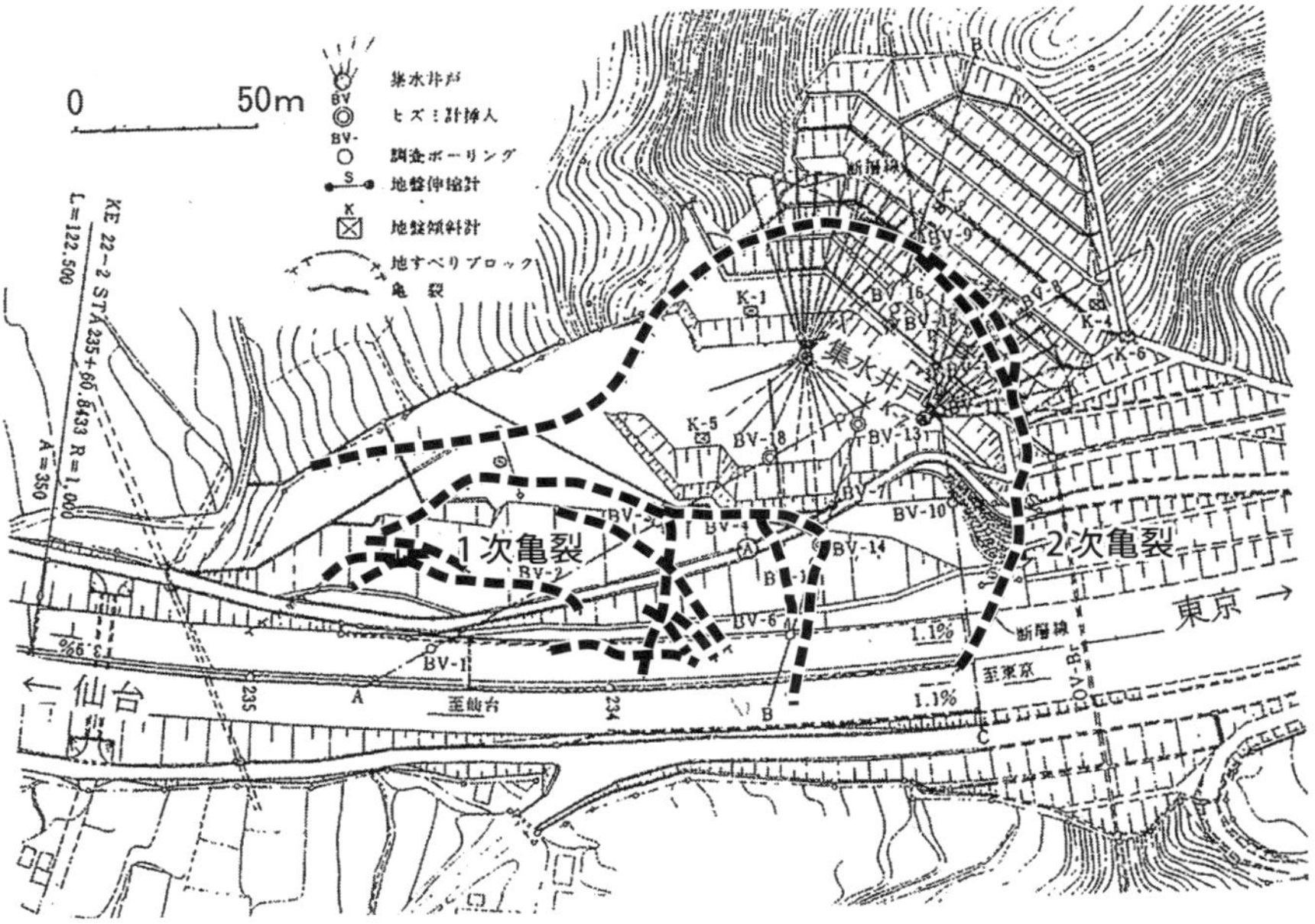

図 0-2-3　1次、2次すべり対策平面図

二・五　本事例で得られた教訓と反省点

（一）教訓

図0–2–4は、図0–2–1の施工前の地形図に図0–2–3に示した切土後に確認した亀裂の位置を投影したものである。切土によって、はじめて起きた初生的地すべりであるが、見事に緩斜面台地地形を反映していると言える。これは凸状（尾根状）台地型のすべりに相当し、切土すると初めて動く初生的な地すべりであったと考える。筆者を含めて現場技術者が地形解析の大切さを痛感させられた事例である。

（二）反省点

二・三でも述べたように、筆者が呼ばれた時に先ず押え盛土をして、亀裂の奥への進行を少しでもくい止めるべきであった。これは工費の増大と安全上の問題は勿論、用地の追加買収、

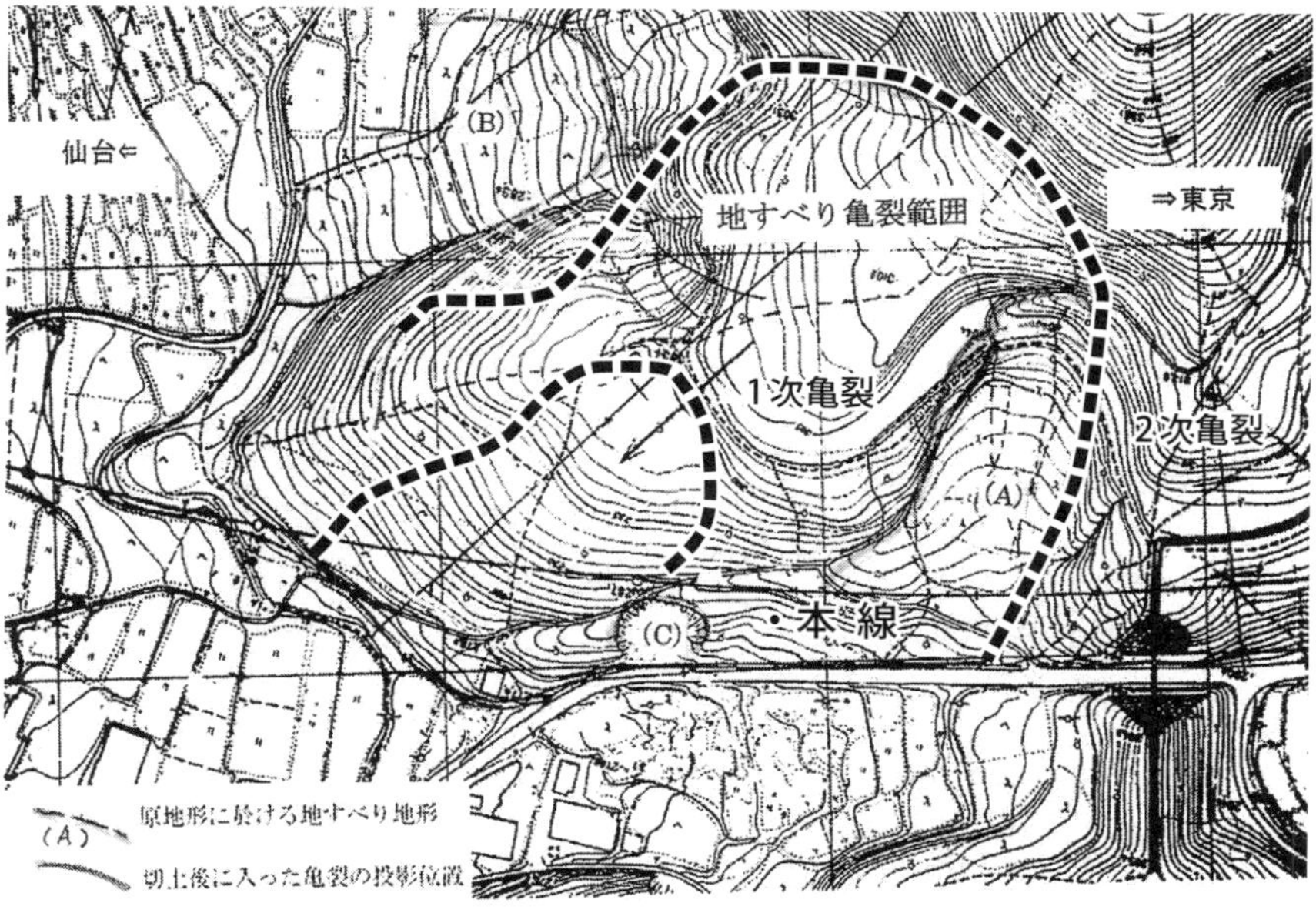

図 0-2-4　切土施工時に法面に入った亀裂位置の投影図

工程の遅れ等様々な分野に悪影響を与えることになった。結果論的ではあるが初期のすべりの時点に地形を詳しく判読していれば亀裂の拡大の恐れを予測し、ことの重大性を認識できたかもしれない。なおこのとき杭の施工を見送って開通させたのは後に禍根を残すことになったが、当時の工事費の増大等の経済事情を考えれば、止むを得なかったものと考える。

第三節　後背の異常地形を見逃して切土した事例「関越道北貝戸《きたかいと》地区の例」

三．一　地形・地質の概要

当地区は東向き急峻な斜面の末端に位置する。末端緩斜面には崩積土（崖錐性堆積物）と渓流末端には土石流（扇状地）堆積物が分布している。問題の切土地点は鞍部で繋がった小丘である。地質は流紋岩質凝灰岩を基盤とし、その上に厚さ二〇メートルの崩積土が堆積している。

三．二　当初の設計施工状況

当地区の切土は図〇-3-1に示す様に高さ二〇メートル弱〈三段〉、のり勾配一割二分の中小規模ののり面である。切土がほぼ終了した時点にのり面に変状が現れた。

三．三　地すべりの経緯

写真O-3-1はのり面に現れた変状の経過である。このときのすべりは図O-3-1に示したような比較的小規模なすべりであったが、写真のようにすべり面付近から多量の湧水が見られた。のり面背後が一見独立した丘のように見え、切り直しても後ろに山が控えていないと判断された。筆者が呼ばれて現場に行ったのはこの段階であった。

直ちに用地の追加買収を行い、すべり面より上（図中の排土A）の土塊を取り除くべく二割程度の勾配で切り直した。結果論ではあるがこの判断は甘かったと言える。

切直しが完了して約六ヵ月後に後背地の広い範囲に亀裂が発見され、瞬く間に進行していった。

地すべり分布範囲を図O-3-2に示す。地すべりは本線直角方向ではなく約六〇度右斜めからの（スキウ）方向であっ

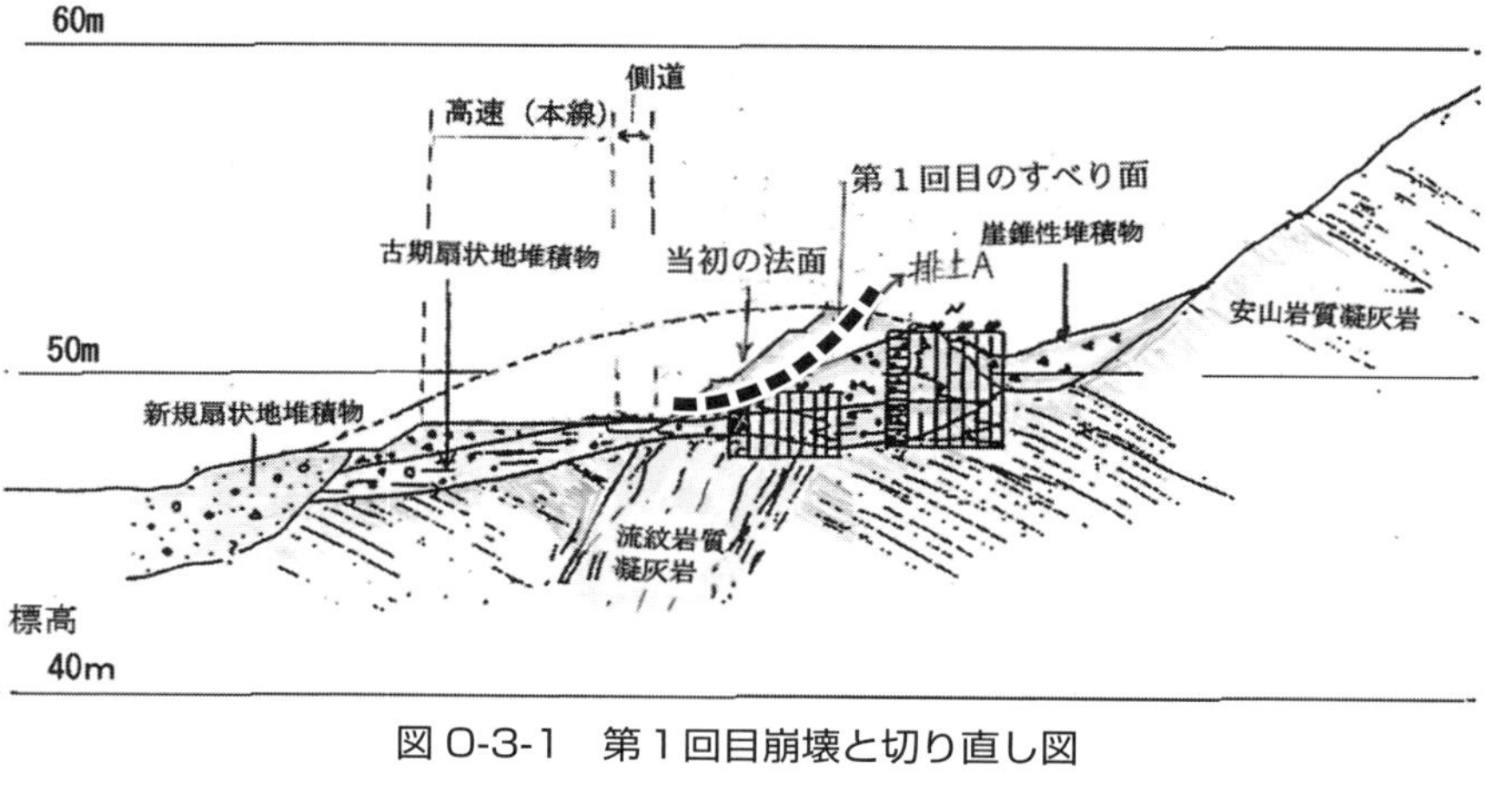

図 O-3-1　第１回目崩壊と切り直し図

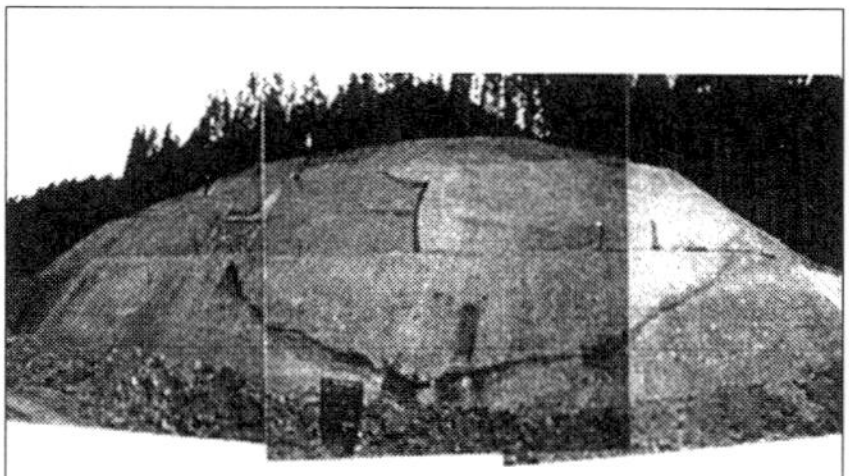
旧地すべり面からの再活動 その1

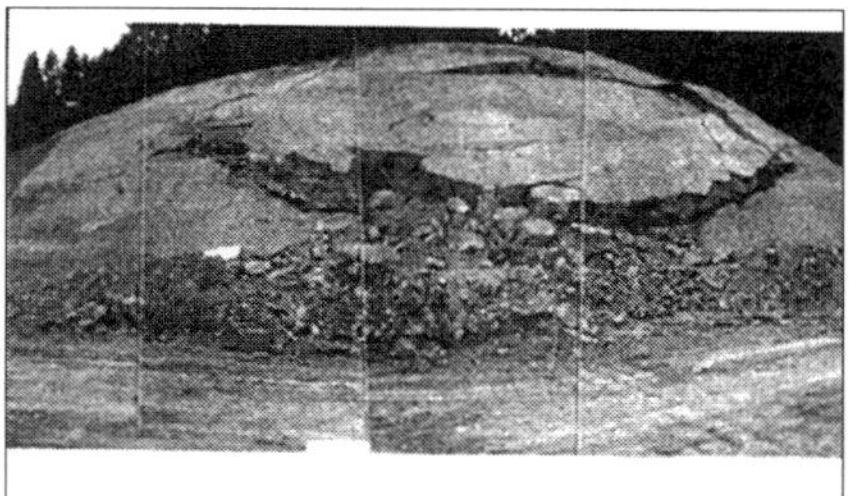
同 その2

写真 0-3-1　第１回目のり面崩壊状況

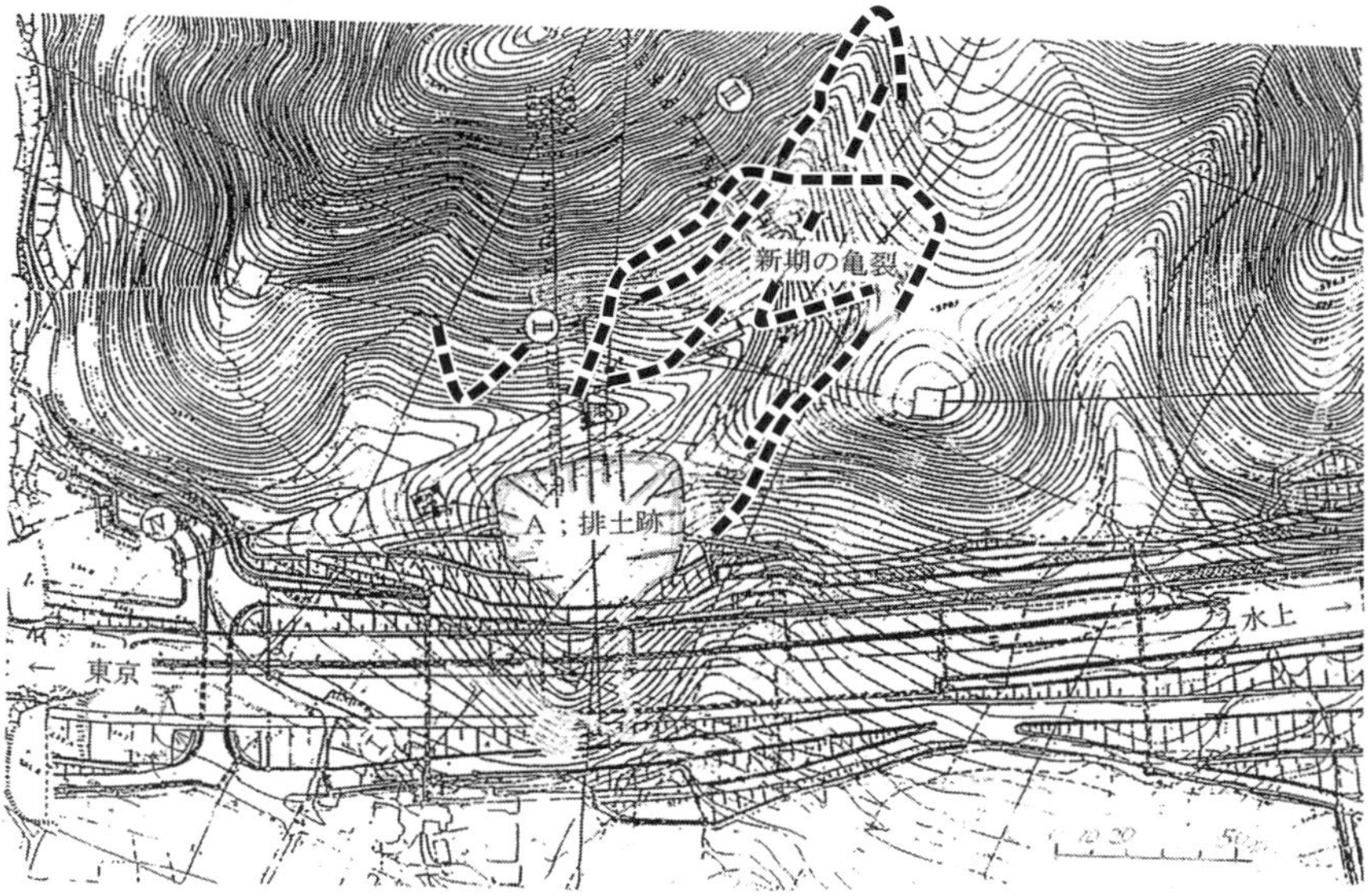

図 0-3-2　地すべり発生状況

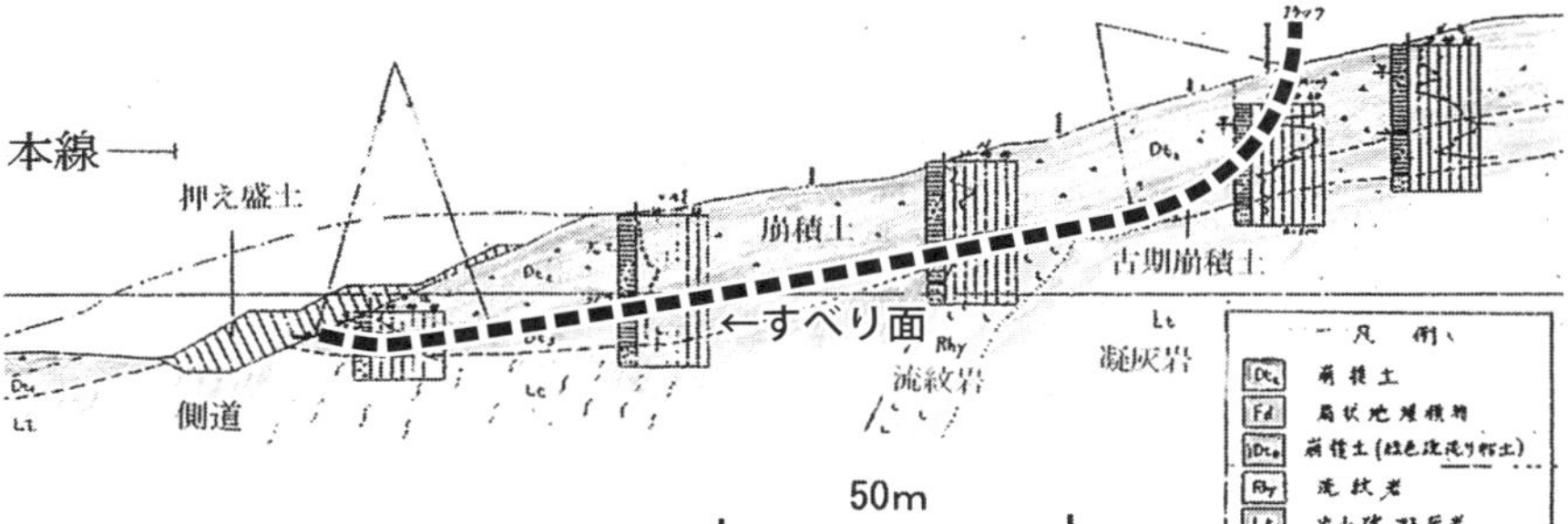

図 0-3-3　地すべり方向地質断面図

た。地すべり断面を図〇―3―3に示す。結局切り直し行為が地すべりの押え〈受動土圧〉を排除してしまったことになる。

三．四　復旧対策

応急対策として図〇―3―3に示すように法尻に押え盛土（仮設）を置き動きの沈静化を図った。次に図〇―3―4に示すように後背地に水平ボーリングによる集水孔と集水井戸（四基）を設置して積極的に地下水位の低下を促した。さらに安全率の不足分を鋼管抑止杭で補強した。対策費は十億円を軽く突破してしまった。

三．五　本事例の教訓と反省点

i　図〇―3―5は地形解析の第一人者であり本書の著作者の一人＝今村遼平氏に当地点周辺を現地調査していただいた時の地すべり地形解析図である。同氏が呼ばれる前には本線が何処を通るかも知らなかったが、二万五千分の一の地形図を見てから見当をつけて現場に行ったところ、まさにその地点が本件の発生地点であったという（本人談）。図〇―3―5は地すべり発生後の結果論からスタートした判読図ではあるが、あまりにも多くの地すべり地形が並んでいることに驚かされた。

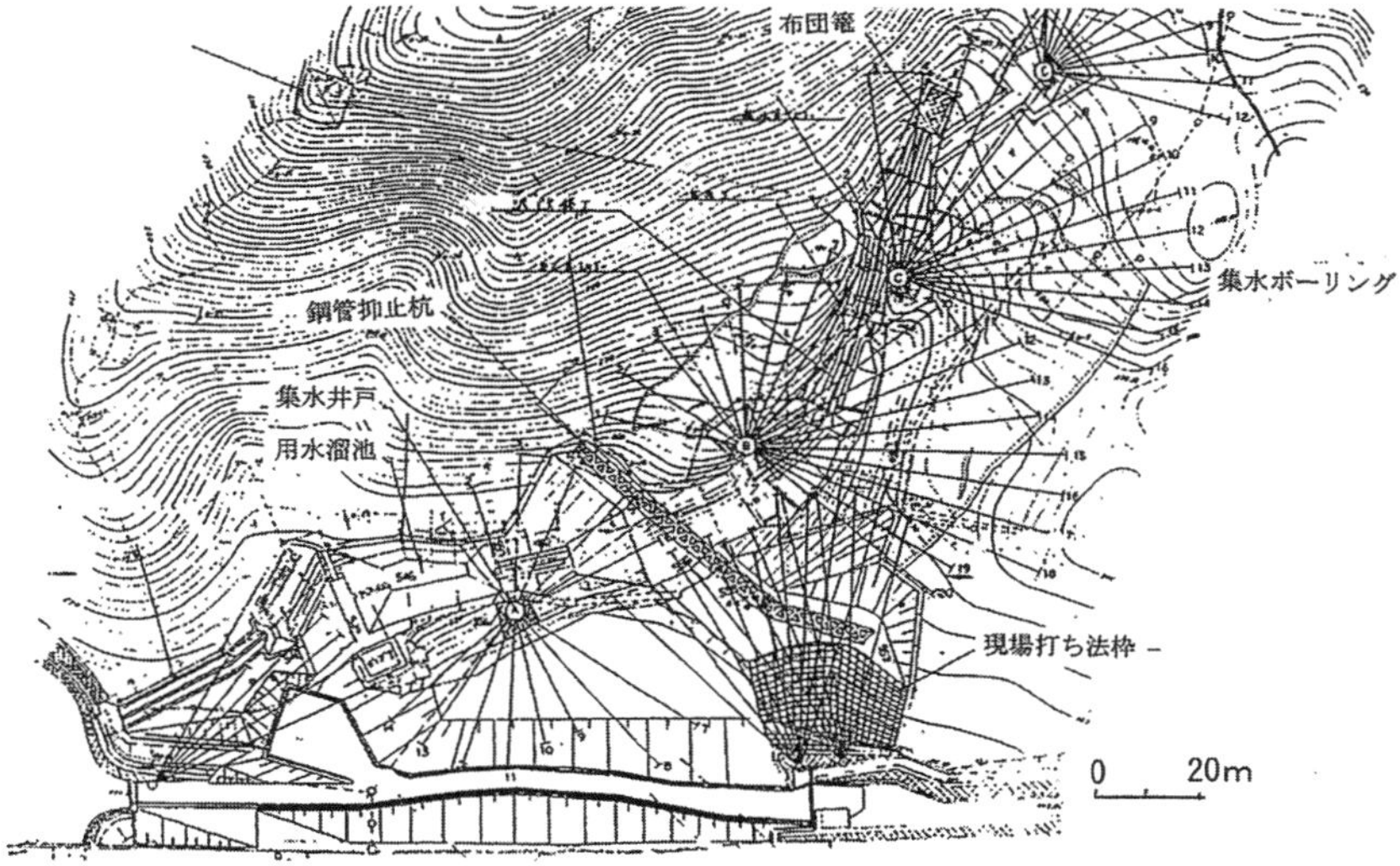

図 0-3-4　地すべり復旧対策

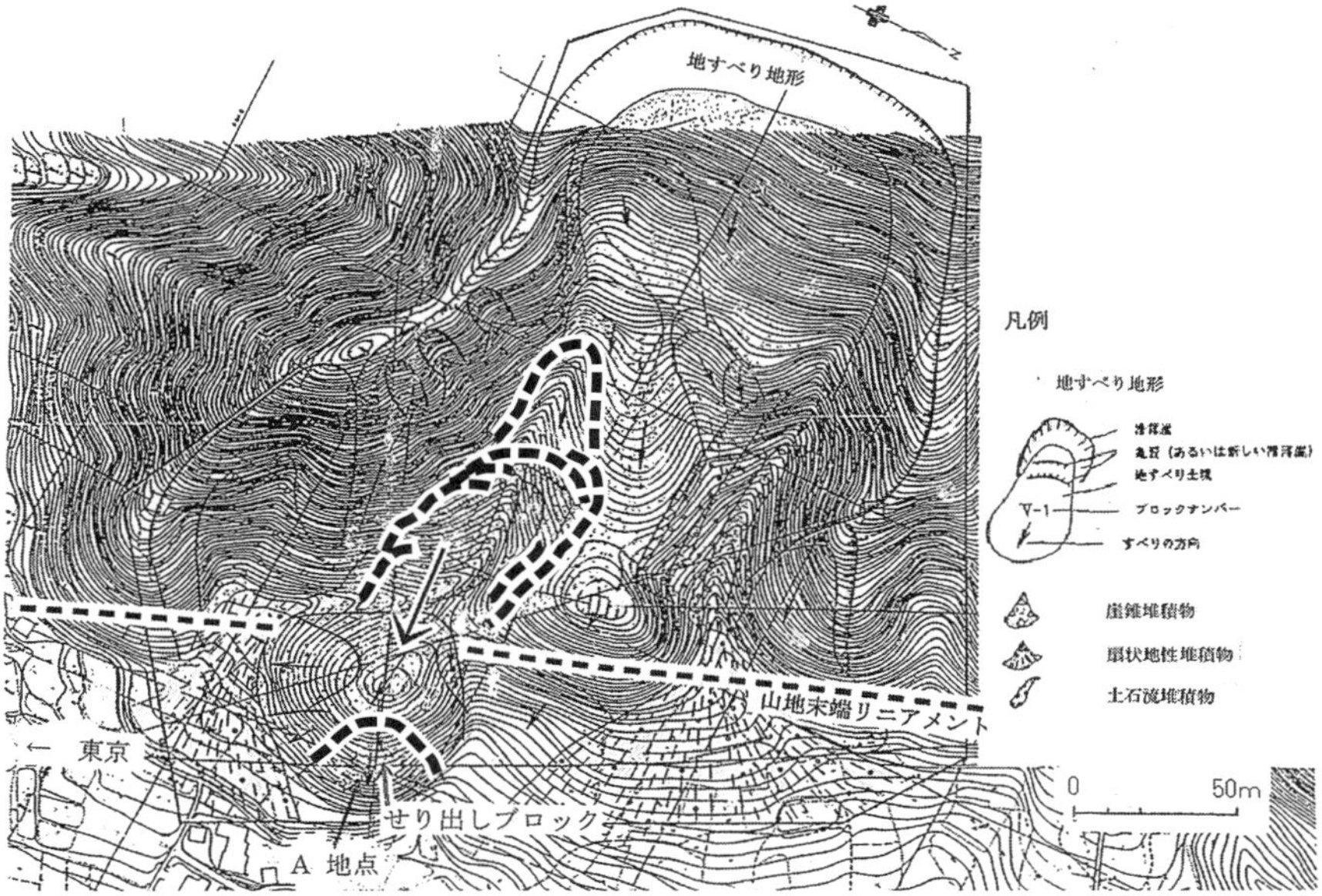

図 0-3-5　原地形解析図

さらに同図の鎖線は筆者が尾根の末端を結んで描いたリニアメント(地形的な線状構造)である。当地すべりの発端となった切土のり面の小丘はこのリニアメントをスタートラインに例えれば、あたかもフライングして飛び出したかのごとく見える。つまりこの独立小丘は古い時代に地すべりを起こしてリニアメントのラインから抜け出して移動してきたものと考えられる。従ってこの独立小丘を切土して起こした小崩壊が、元の地山まで目を覚まさせてしまったということが十分考えられる。

いずれの現象も当初の小崩壊時に気がついていれば、安易に切り直しをせずに直ちに押え盛土を行なっていれば、地すべりの拡大を最小限に食い止められていたかもしれない。結果論といえなくもないが筆者も道議的な責任の一端を感じている。

第四節　後背地の陥没帯を見逃して切土した事例「北陸道有磯《ありそ》海地区の例」

四・一　地形・地質の概要

本事例は北陸自動車道、湯上地区、有磯海サービスエリアの切土工事中に発生した地すべりの事例である。当地は洪積台地を直高約三〇メートル、延長五〇〇メートルにわたって切土した区間である。

図〇―４―１は掘削当初の地質断面図である。すなわち上部より約一五メートルは更新世（洪積）の砂礫層、その下に新第三紀の固結シルト層、固結粘土〈泥岩〉層が堆積している。後から分かったことであるが、何れの層も緩い勾配で海（のり面）側に傾斜している、いわゆる流れ盤構造であった。

四．二　初期の変状状況

図〇―４―１に示す様に、上から三段目まで掘削した段階に於いて洪積砂礫層で小規模なのり面崩落が見られた。筆者が呼ばれて現地入りしたのはこの時点であった。崩壊は図のように一〇〇立方メートル程度の小規模なものであったが、現場を踏査した結果、地下水位が高く、しかも今後さらに三段（約二〇メートル）切り下げる予定のため、集水井戸等の水抜き対策を検討するように要請してその日は帰った。

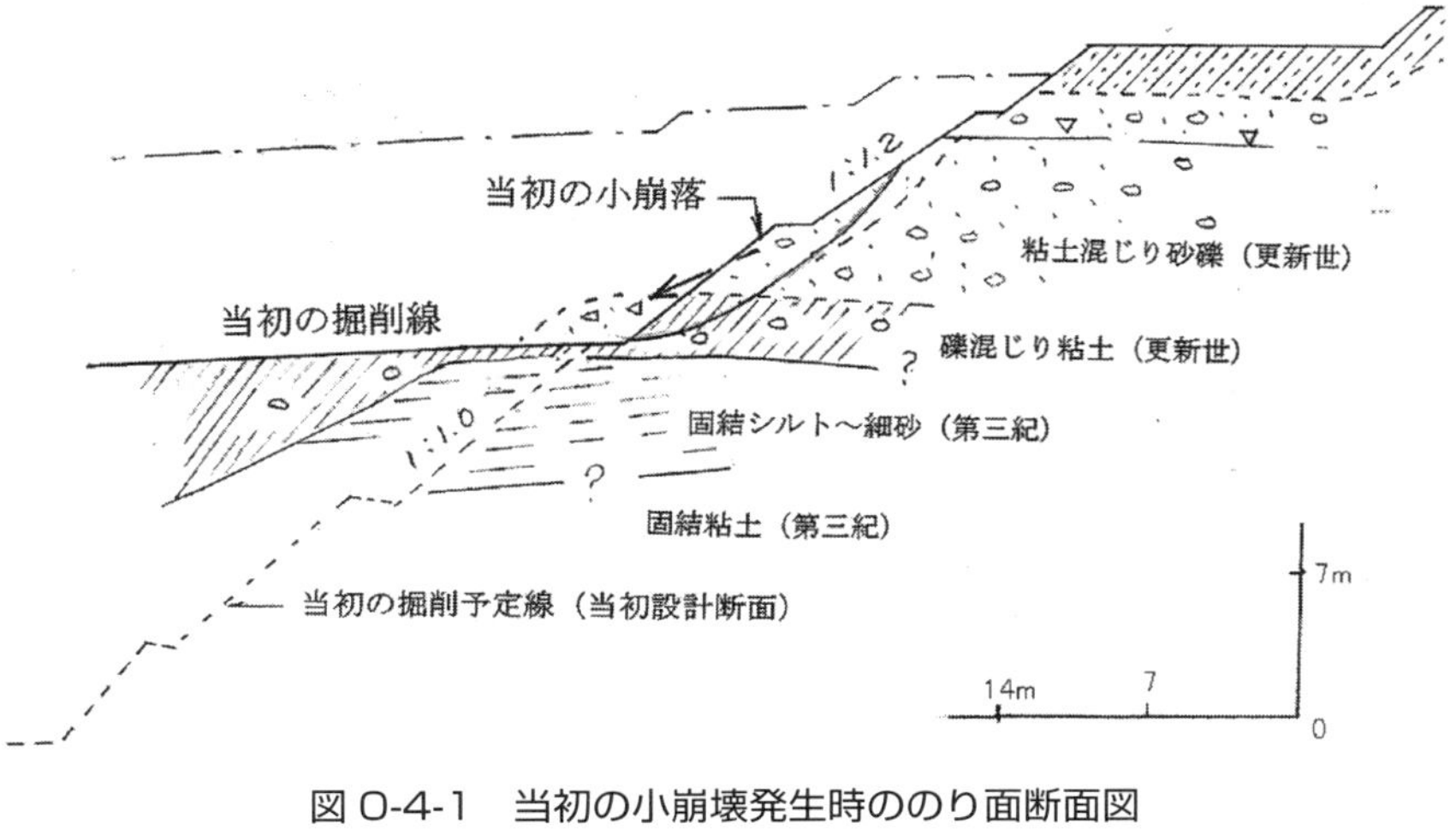

図 O-4-1　当初の小崩壊発生時ののり面断面図

四．三　地すべり発生状況

地すべりが発生し、現場が大変なことになっていると聞いたのはそれから数ヶ月後のことである。図〇‐4‐2は新たに発生した地すべりの平面図である。亀裂の範囲は幅三五〇メートル、奥行き二五〇メートルにまで拡大していった。図〇‐4‐3はその後のボーリング等の調査による地すべりおよびその地質断面図である。すべり面の位置は深さは一〇～二〇メートル、同図の通り新第三紀の泥岩層の中に入っていることがわかった。

四．四　地すべり対策

対策は学識経験者の知恵を借りながら、次の様な手順で施工された。

i　図〇‐4‐3に示す地すべりの末端部に大規模〈約一万五〇〇〇立方メートル〉の押え盛土を行い、すべりをほぼ完全に停止させる。

ii　次に、切土のり面背後の平坦面に井戸を掘り水平ボーリングにより集水し、地下水位を低下させる。

iii　押え盛土の上部から本線予定地両脇に現場打ち杭（ＰＩＰ）をすべり面よりも十分深い位置まで根入れする。

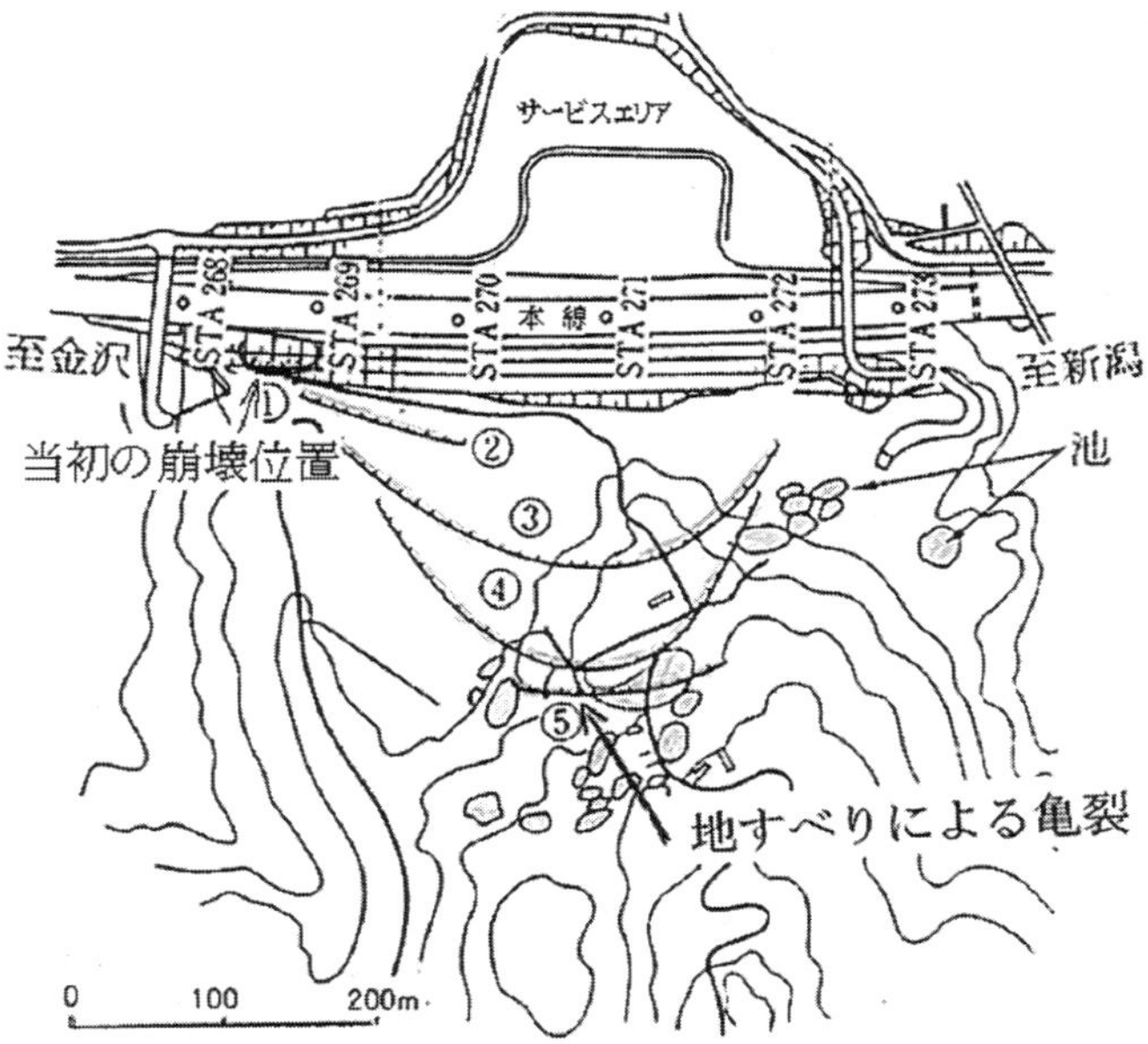

図 0-4-2　地すべりによる亀裂の範囲

凡　例

記号	土質・地質	Talt2	シルト〜細中砂	Talt1	シルト〜細中砂
dl	粘土〜礫混じり粘土	Tm2	固 結 粘 土	Tm1	固 結 粘 土
dg	粘土混じり砂礫	dgl	粘土質砂礫	Tsg	中粗砂〜砂礫

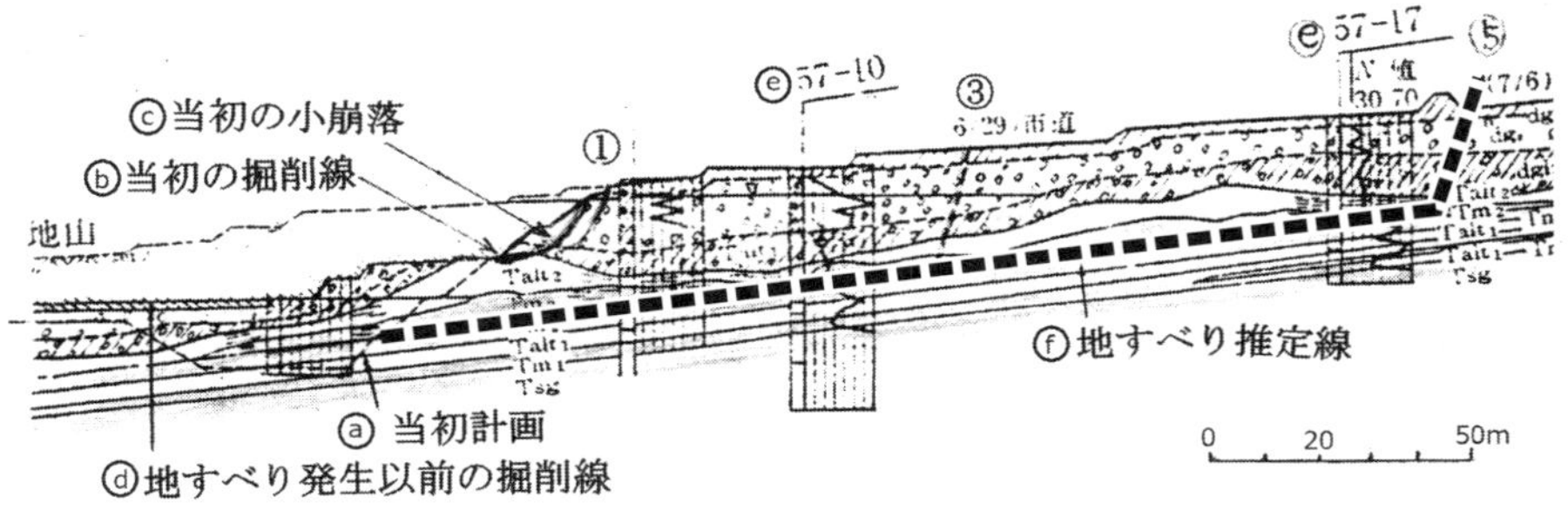

図 0-4-3　地すべり発生時の地質及び掘削断面図

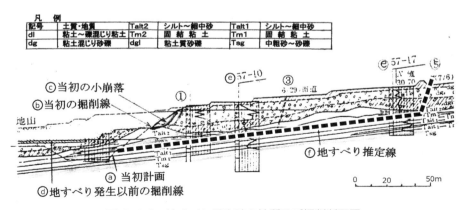

iv　両側で囲まれた本線部分の土を切梁・腹起こしを設置しながら排除する。

v　このようにしてできた空間をコンクリートの覆工で補強し、ボックスカルバートを構築し、梁を取り除きながら土を埋め戻す。

以上の工事は地すべりの変位と土圧の計測、そして構造物に作用する応力の計測等、十分な動態観測体制の下に施工された。図〇–4–4はこのようにして建設された明り巻きトンネルの概略断面図である。つまり、地すべり抑制工としての押え盛土の中にトンネルを建設したことになる。写真〇–4–1はトンネルの完成写真である。

四．五　本事例の反省点

（一）筆者が呼ばれた時は、図〇–4–1の段階であった。あの段階であののり面では下部の第三紀層は見えていなかった。一般に洪積の砂礫層

写真 0-4-1　開削トンネル（金沢側）

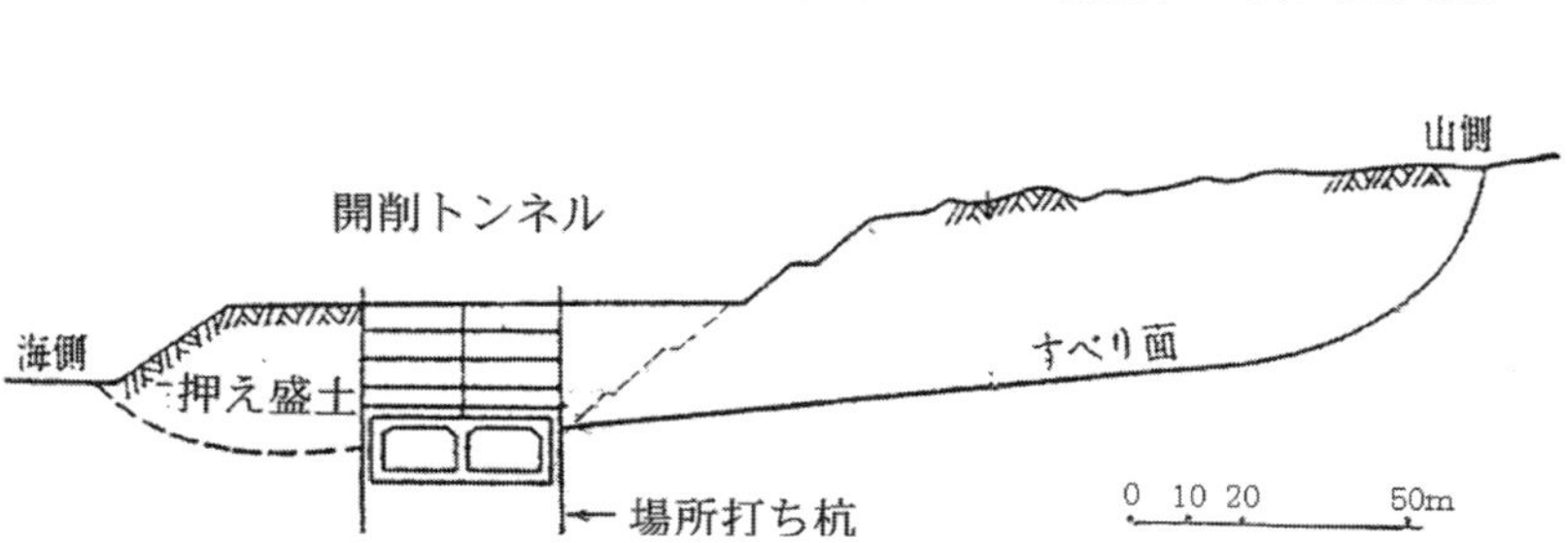

図 0-4-4　地すべり対策断面図

（透水層）とその下の第三紀の泥岩（難透水層）を同時に掘削するとその境界から多量の地下水が湧出し、大規模なのり面崩壊が起こりやすいということは認識していた。それで集水井戸の提案をして帰ったわけであるが、現場担当者にそれほどの危機感を与えなかったためか、後手に回ってしまった。またこの時、もう少し広い範囲を踏査して第三紀の泥岩層を確認しておけばよかったと後悔している。

（二）再度図O‐4‐2を御覧願いたい。切土のり面背後の台地に多数の池が点在している。筆者は当初単なる養魚場として見過ごしてしまったが、地すべりによる亀裂がこの池の分布と概ね一致していることに後から気が付いた。すなわち、古い時代の地すべりによる陥没帯ではないかと推察される。これも当初から精査してこのことに気が付いていれば、サービスエリアに「明り巻きのトンネル」を掘るという前代未聞の工事は無かったと、これも結果論であり、筆者一人の責任ではないが悔まれてならない。

第五節　斜面防災技術に於ける地質系技術者の役割と責任

五．一　見逃し事例の原因について

本編第一節〜四節を纏めると、第一節は深部の変状および背後の古期地すべり地形の見逃し、二節

は初生型の地すべりが起こりやすい凸状尾根型丘陵地に対する認識不足、三節はやはり後背地の異常地形の見逃し、四節は大崩壊を起こしそうな地質構造に対する危機感の不足と、のり面背後の陥没帯の見逃し等々、これらを筆者の反省を込めて紹介したものである。さらに纏めると①後背地の地形の精査を怠ったこと、②深部の地質情報の把握が甘かったという反省点が残る。さらに一言で言えば「木を見て森を見なかった」の一語に尽きる。

ところで筆者の過去を思い返せば、これ等の大きな見逃しの大半は四〇歳台までに体験している。考えて見るとその頃は一局集中型の踏査、つまり「木を見る」のが主体であり、その代わり入念に時間をかけて精査していた。従ってジャストポイントののり面の崩壊の予測が面白いように的中した記憶がある。今はその自信は無い。逆に五〇歳台以降は現場を歩く時間も制限され、「木」を見る暇が無く「森」ばかり見ているような気がする。従って大きな間違いは少なくなったが、細部までの配慮が行き届かなくなっているきらいがある。

地質屋を中心とした理想の技術者は木も森も分け隔てなく観なければ一流とは言えない。

五．二　失敗工学の意義

本小論に紹介した「見逃し」事例は、表現を変えれば「誤診」でもあり「失敗」ともいえる。しかしこの「失敗工学」こそ意義のあるものと考えたい。つまり結果論的反省で得られたノウハウを積み重ねることにより、生きた「経験工学」が生まれる。過去の成功例に学ぶのも良いが、失敗例に学ぶ方が技術の伝承には親近感も有り、役に立つのではないかと考える。

五．三　斜面防災における理想の地質系技術者の育つ環響

斜面安定を大きく支配するのは、「はじめに」でも述べたように「物性」「構造」「水」である。中でも特に大規模な地すべりや深層崩壊は「地質構造」に大きく左右される。これは構造地質学や層位学、地質図学それに地形学等を学んできた地質系の技術者の得意とするところである。

斜面災害に立ち会った地盤系〈地質系〉技術者は数多くいるが、そのような経験者が必ずしも専門家として評価されずに埋もれているのは勿体無いことである。これは斜面防災という大きなプロジェクトの中で、土木系・林学〈砂防〉系技術者が行政〈政策〉面や経済面で主導的立場にあるという背景があり、このことが地質系技術者をお客様かオブザーバー扱いにしている原因になっているためと考える。

ではどうすれば市民権が得られるか？　この問題はなかなか難しいが、次の様な想いがある。

i　主導権を持っている行政側の技術者との技術的な交流を密にする。これはお互いの情報交換は勿論、時には彼らの教育〈研修〉の手伝いもする。

ii　iは時には技術の安売りも必要であるが、コミュニケーションを通じてお互いの信頼関係を深めることが目的である。行政担当者は転勤も多いが、それだけ多くの人と接するチャンスにもなると考え、気長な努力が必要となる。

iii　地質系の技術者の防災技術に対するレベルの向上の必要性は言うまでもない。大学で斜面防災関連の教育を受けた人は少ない。大学教師にはその部門の専門家は数えるほどしかいない。問題の本質はここにあると思っているが、地質学が理学である以上あまり期待は持てない。それよりも、コンサルタントの技術力に期待したい。そのためには筆者自身の過去を考えれば自己研鑽しかない。土木の分かる地質屋であり、砂防に詳しい地質屋といった境界領域に入り込むことである。そして地質に対して造詣の深い土木屋や砂防屋の仲間を増やすことである。

さらに地質系技術者が応用地質学会だけではなく地盤工学会、土木学会、地すべり学会、砂防学会等の学会・協会の理事などで活躍することで、広く市民権を獲得することを願ってやまない。

奥園　誠之

工学博士
日本応用地質学会名誉会員
地盤工学会名誉会員

著者略歴

一九三八年　福岡県に生まれる
一九六二年　鹿児島大学文理学部地学専攻卒業
　　同年　日本道路公団入社　名神高速道路羽島工事事務所勤務
一九六四年　高速道路試験所土質試験室勤務
一九七九年　同　トンネル・斜面試験室長
一九九〇年　（財）高速道路技術センター　参与（首席調査役）
一九九六年　九州産業大学工学部土木工学科教授
二〇〇一年　（社）地盤工学会副会長
二〇〇九年　（公財）高速道路調査会シニアフェロー
二〇一一年　西日本高速道路エンジニアリング中国（株）顧問
二〇一二年　（株）高速道路総合技術研究所　研究アドバイザー

主要図書

島博保、奥園誠之、今村遼平『土木技術者のための現地調査』鹿島出版会　一九八一
奥園誠之『切土斜面の設計から維持管理まで』鹿島出版会　一九八三
奥園誠之他『道路土工Ⅰ（一般土工）』山海堂　一九八四
奥園誠之『斜面防災１００のポイント』鹿島出版会　一九八六
など多数

私が判断に迷った地質事象

古部　浩

【目次】

私が判断に迷った地質事象

古部　浩

はじめに

ゼネコンで土木地質を三六年間勤めてきた経験から、判断に迷ったあるいは間違った解釈をした地質事象を思い出してみました。勿論それらの判断の背景にはいろんな状況があった訳で、今その良否を言えるものではないし、意味もありません。しかし地質事象にポイントをおいて分かり易く示し、残しておくことには価値があるのではないかと考えこの原稿となりました。

戦争末期に中国で生まれ、戦後の福岡で育ちました。地質の道へのきっかけは、小学校五・六年の担任の先生がご自分の趣味でもあったのでしょうが、休日毎に鉱物や化石の採集に連れて行ってくれたことでした。福岡市近郊の長垂や今津毘沙門山などいまでも思い出します。その頃はそんなに強い思いはありませんでしたが、大学進学のきっかけとなったことは間違いありません。

大学入学後最終学年になると専攻する講座を選びますが、石炭地質講座としました。すでに斜陽産業であった石炭としたのは、松下久道教授を尊敬していたという理由だけです。母の反対を押し切り教授の推薦で炭鉱に就職したものの、案の定三年で倒産し失業保険受給者となりました。ただし悲壮感はなく、何とかなるさという感じでした。鉱山地質学を少しかじった時代で、かつ出向した会社でN値のいい加減さなどボーリング実務も経験することができました。再度松下教授のご推薦で㈱間組の次年度入社試験を受けることになり、その面接で妻の懐妊を訴え、同年の七月入社となりました。

ここからが土木地質分野への関わりです。研究所配属となり、最初の仕事はシールドセグメントの計測に携わりました。シールド坑内にハンマーとクリノメータを持って行き、使う場所がないことに「俺は地質屋」なのに、と思ったことを憶えています。この時の歪ゲージ知識が後の地すべり計測に活きました。入社二年後に青函トンネル工事に長期出張しました。北海道側の吉岡から海底に向かう工区で斜坑と立坑掘削の最終段階だったと思います。本坑や作業坑などの十いくつの切羽の地質スケッチを毎日行い、それをもとに地質図を作成するという業務で、忙しくきついものではありましたがやりがいを感じていました。しかしそのまま転勤の希望は聞いてもらえず、本社に戻されました。以後の本社での仕事を今振り返ると、当時のゼネコンの地質屋は設計図書の地質語を翻訳することが主な仕事と考えられていたようです。トンネル切羽のスケッチやダム基礎岩盤の地質図作成のように後向き業務が多かったような気がします。しかし、数多い案件に対処していくうちに、安全や利益に関することに地質知識が役立つことに気付き、施工トラブルの予知・予防に重点をおくようになりました。この地質知識は難しいものではなく、小学教科書の内容程度のものです。両坑口が花崗岩と安山岩の場合のトンネルの掘り方を示した「危険予知地質術(3)」はその例です。また「岩種から予測される施工上の問題点に関する対比表の私案(4)」もあります。一九八八年から大学での非常勤講師を始めましたが、教材として教科書が必要であると気付き、二〇〇〇年に「建設工事と地盤地質(1)」を刊行しました。執筆に五年程要したので日本大学には間にあいませんでしたが、法政大学で使いました。その後改訂版(2)や韓国語版も出しています。

このように私の応用地質学への関わりは、実務とともに教育にもかなりのウェイトがありました。その中で感じたことや自分の経験から、理解してもらうためには如何に分かり易く伝えるか、を常に念頭におくことでした。

以下私の経験から判断に迷ったあるいは間違った解釈をした一〇の地質事象を簡単に紹介しておきます。

第一節　人工地盤

温泉地でのホテル建設予定地の調査段階のことでした。図F-1-1のようにホテルは既存の建物のそばの沢沿いの傾斜地に予定されました。敷地確保のためには傾斜地を掘削する必要があり、その対策工の検討が目的でした。その場所には古い擁壁や遊歩道がありましたが、それらに多数のクラックが存在し、電柱の傾きなど教科書のような地すべり事象が多く見られました。また付近の露頭では温泉余土が見られたことなどから、このホテル予定地付近は地すべり地形であると判定しました。このため複数のボーリングとパイプ歪計によりすべり面を把握しようと努めましたが、結果ははっきりしませんでした。

したがって地形形状からすべりを仮定してグラウンドアンカーによる山留とすることにし掘削が開始されました。擁壁を取り壊したところ、背面からは紙屑などが混じったゴミが大量に出現したのです。既存ホテルの昔からのゴミ捨て場だった所を、美観のため擁壁や遊歩道で覆い隠していたのです。これではクラックや電柱傾きなどが出現するのは当然です。

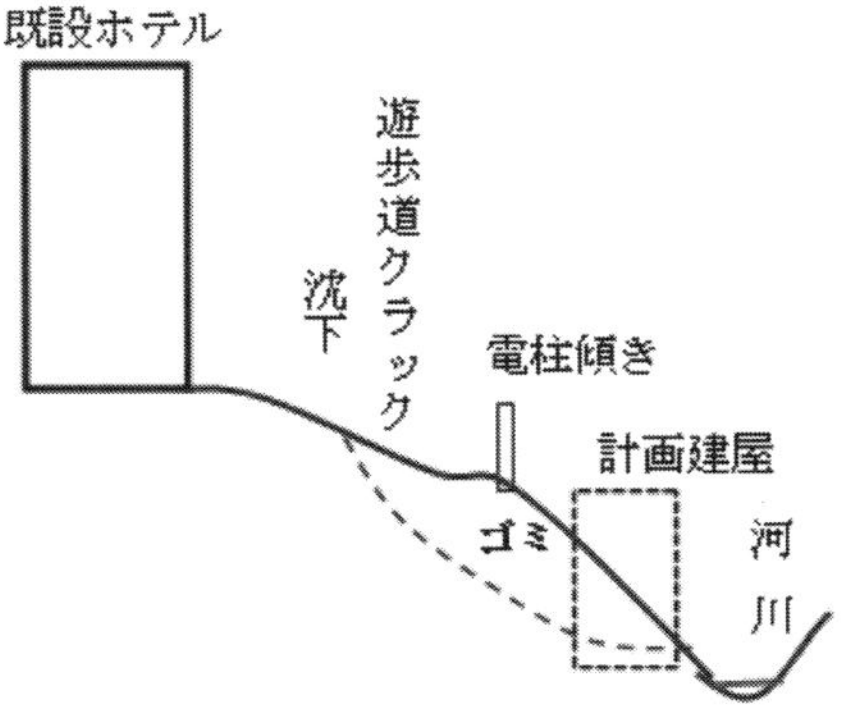

図 F-1-1

教訓

建設工事で出てくる地盤は必ずしも自然のままではなく、「人がつくった地盤」(5)があることも検討項目に加えておくこと。

第二節　潜在事象

ロックフィルダム原石山掘削中の法面異常の例です。地質は塊状・硬質な角礫凝灰岩でロック材が採取されていました。事前に調査ボーリングは実施されていたのですが、ダム盛立材料としての適性と賦存量把握が主目的であって、法面安定に関わる地質構造は認知されていなかったのです。ここに法高八〇メートルの掘削が進められ、あと四メートルで最終盤という段階になって、それまで何の異常もなかった法面に鉛直方向のクラックが多数出現したのです。かつその変位量が増大し、地山での異常発生が認められました。しかしその地質原因をつきとめることができずにいました。

その後背後の山中にキノコ採りに行った作業員が大きな連続するクラックを見つけ、図F−2−1のような地質構造が判明したのです。前述の鉛直方向クラックは地すべりブロック中の局部的現象であったことになります。まだ見えていない所に、流れ盤状に存在する凝灰岩薄層が

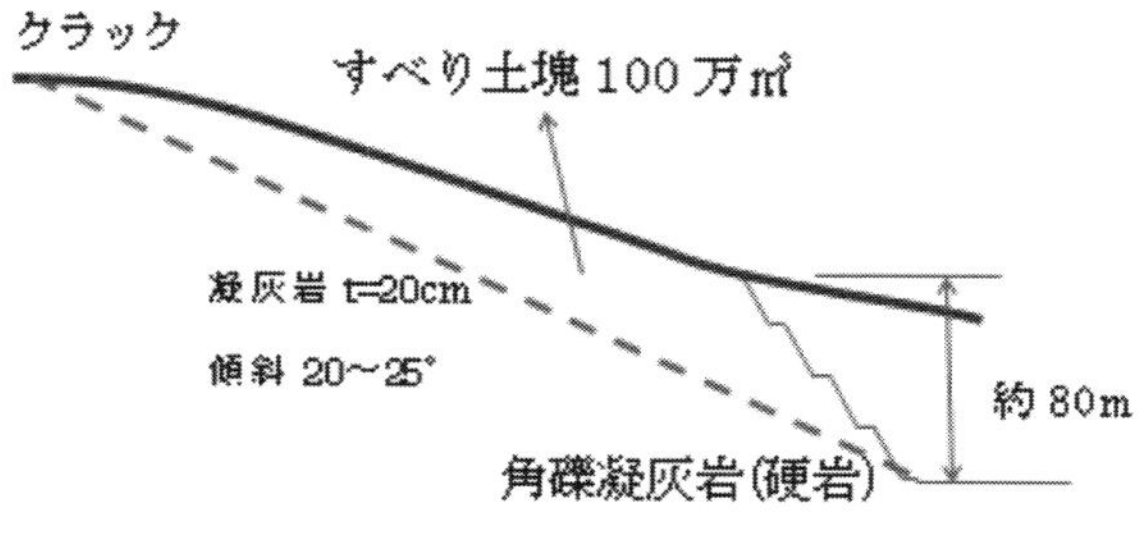

図 F-2-1

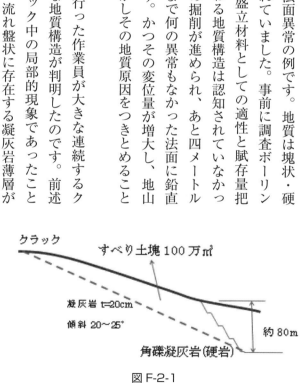

すべり面であることが判明しました。この凝灰岩層は材料の適性・賦存量に影響するような層厚ではないものの、法面への影響という点ではすべり土塊量が一〇〇万立方メートルにも達する規模のものであったのです。

教訓

岩盤（とくに硬岩）法面に異常があった場合には、すべりが考えられる地質構造を疑え、ということ。

第三節　水平層のすべり

道路建設のための掘削中に、上部造成地から地すべりが発生した事例です。掘削した法面は一段（七メートル）以下の小さなものであり、古第三系の砂岩・頁岩・石炭が水平互層を呈していました。その掘削途中で石炭層の上部がせり出してきたのです。水平なのに何故、という疑問が生じましたが、その後の調査により図F‐3‐1のような褶曲構造が判明しました。掘削箇所は向斜軸部だったのです。つまり見え

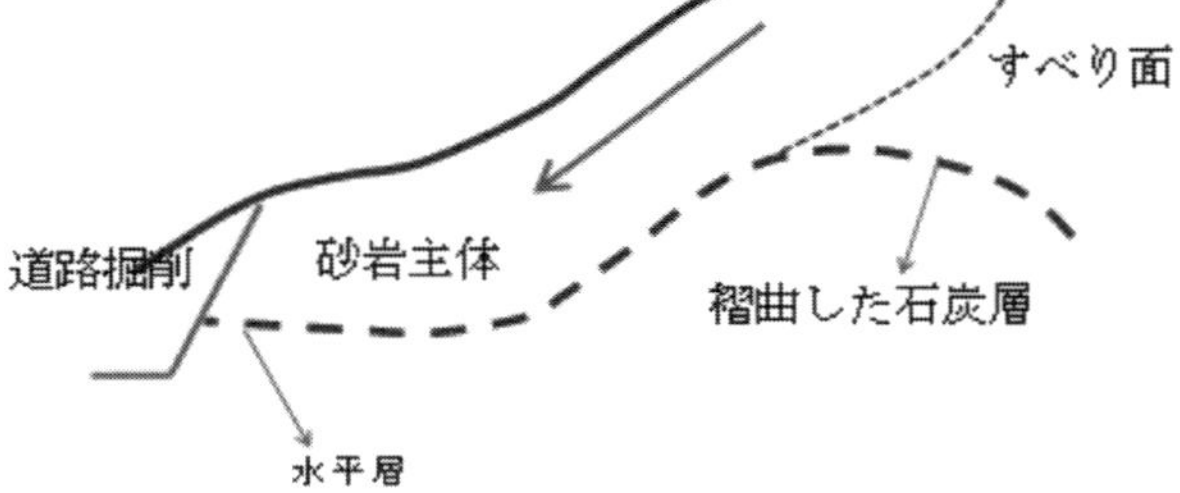

図 F-3-1

る所はすべるはずのない水平層（例え逆傾斜）であっても、大きな地質構造は流れ盤であることになります。

教訓

小さな地質現象（水平層）にとらわれず、大きな構造を疑ってみることも必要。

第四節　差し目の法面崩壊

法面作業中に降雨に関わりなく突然崩壊が発生し、大事故に至った事例です。地質は古第三紀の砂岩・頁岩互層で、崩壊原因調査で見た層理面の走向は法面方向とほぼ一致し、傾斜は約三〇度の差し目（受け盤）構造でした。かつ法面表面で見る限り岩盤等級はＣＬ～ＣＨでしっかり

写真 F-4-1 (6)

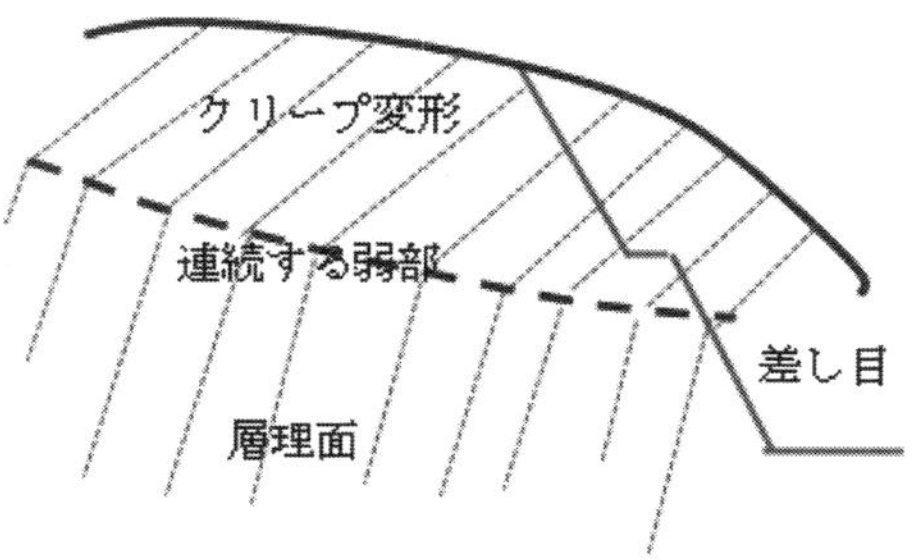

図 F-4-1

したものでした。流れ盤でもないのに何故崩壊か？　と迷っていたところ、ここに示した写真F－4－1を見ました。

図F－4－1のように地中の差し目構造はまさにこのような岩盤クリープの所で、折れ曲がりの際の連続キズが法面に悪影響を及ぼす形であったことが想定されます。

教訓

層状岩盤では差し目であっても法面方向と層理面の走向が平行に近い場合にはトップリング（転倒破壊）を起こすこともあり要注意。

第五節　アンカーがすべりに加担

水田跡にポンプ場建設のための根切りに図F－5－1のようにグラウンドアンカーによる土留め工事をした事例です。表層部に約三メートルの未固結層があり、基盤は古第三紀の頁岩でした。土留めは未固結層を対象に親杭・横矢板土留め壁とグラウンドアンカーにより、基盤をアイランド工法で下がる方法でした。ここに土留め壁とグラ

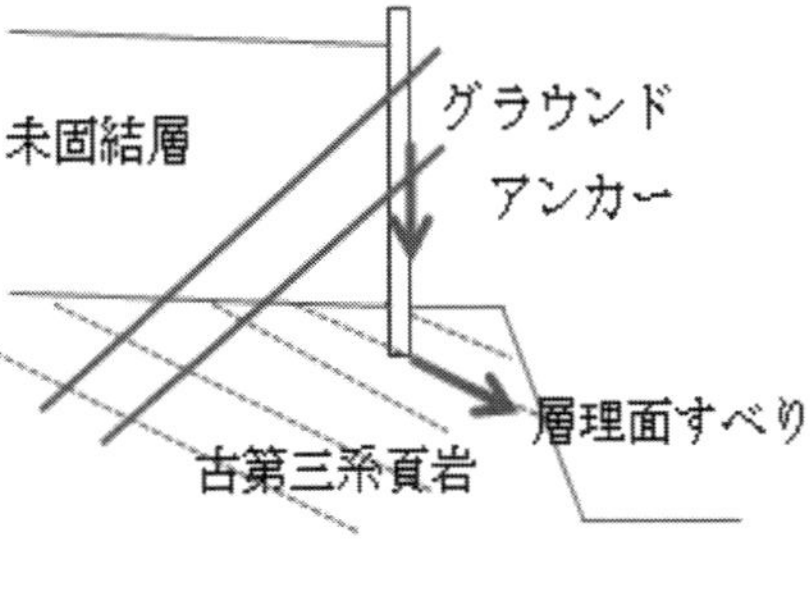

図 F-5-1

ウンドアンカーの施工は何事もなく行われましたが、基盤の掘削時に崩壊が続発しました。図F−5−1を見れば当然崩壊が起き易い地質構造であることがわかります。

教訓

グラウンドアンカーには下向きの力が作用するので、それが悪影響を及ぼさないかどうかチェックすること。

第六節　小崩壊実は大規模地すべり

幅約三メートルの工事用道路の施工時に道路端に小崩壊が発生しました。その後もこの小崩壊が続発し、異常な事象であると判断して広い範囲の地質調査をしたところ、図F−6−1のような断層に沿う大きなすべりブロックの中の現象であったことがわかりました。

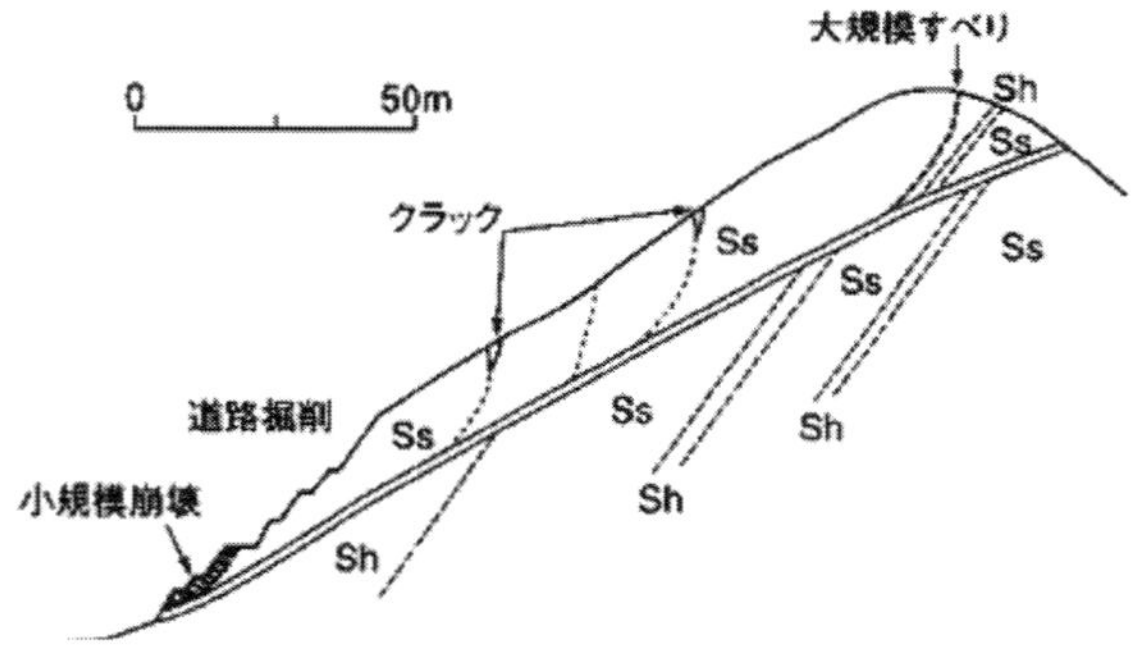

図 F-6-1

教訓

見られる崩壊が小規模でも、大きなすべりの一部ではないかどうかチェックすること。

第七節　大規模法面での変状対応

最終的な高さが四〇〇メートル近くになるダム原石山法面の事例です。図F−7−1のように掘削開始して数十メートル下がった時期に法面にクラックが発生し、このまま掘削を続ければ崩壊に至る危険があるということでグラウンドアンカーによる抑止をすることにしました。この時点での想定すべり面は浅いもので、グラウンドアンカーの定着地盤はその奥ということにしました。対策実施後、法面の掘削を実行し最終盤近くになった頃、再び法面に異常が見られ種々の計測を適用してすべりの規模を調べた結果、規模の大きな深いすべりであることが判明しました。ここで上部に施工したグラウンドアンカーは、下部で起こった深いすべり土塊の内部ということになり、その抑止力は深いすべりの抑止に何ら寄与しないことになります。

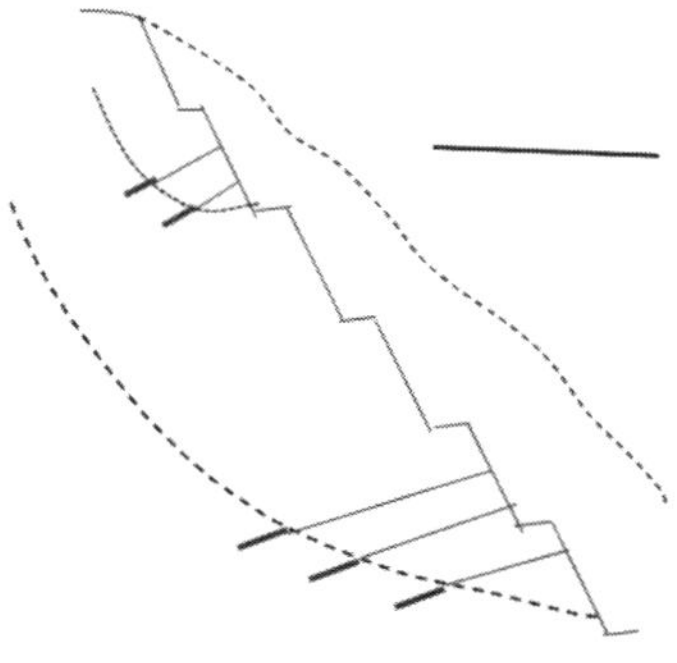

図 F-7-1

教訓

最初の変状の段階で深いグラウンドアンカーを施工することはできないが、掘削が下がった時点での可能性を指摘しておく必要が少なくともあったのかもしれないこと。

第八節　ダム基礎岩盤のクラック

ロックフィルダムの基礎掘削において、フィルターおよびコアゾーンの左岸側だけに、上下流方向に連続するオープンクラックが出現した事例です。クラックは平面的に見て凹凸して不規則な形であり、五〜十センチメートル開口していました。地質は新第三系の塊状の凝灰岩で、クラックが断層や節理ではないことはわかりました。詳細に調査してみると、図F−8−1のような状況であることが判明しました。クラックの下限がわかったことで、集中的にグラウト充填ができました。

教訓

緩傾斜の堆積構造ではすべりに至らなくても緩慢な動きがあり、ク

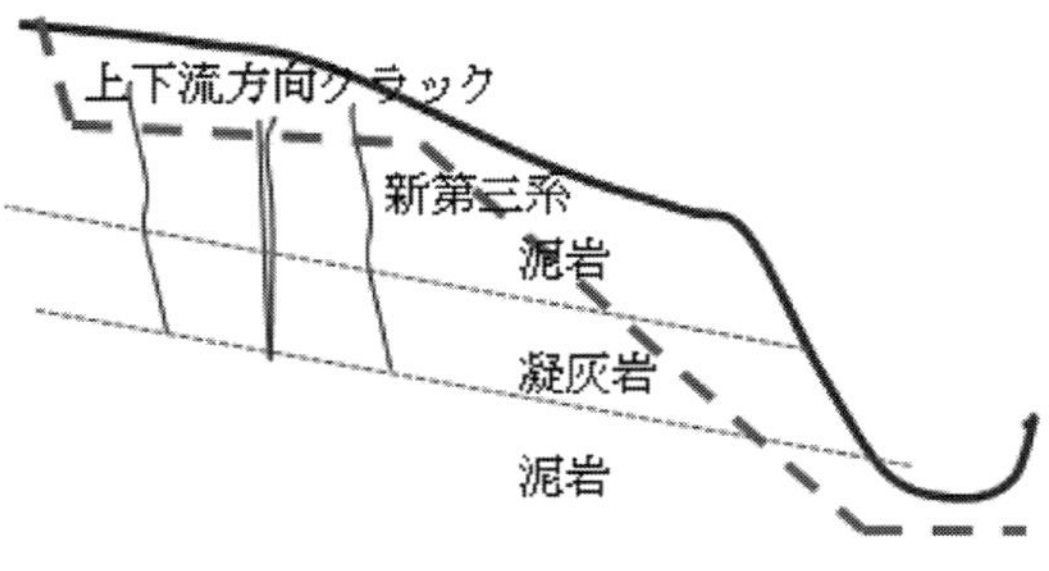

図 F-8-1

ラックなどの現象が見られること。

第九節　ダムの漏水

ダムが完成し、試験湛水していたところ貯水位が低下しているのが判明した事例です。下流約五〇〇メートルの沢で湧水量が異常に増大していることも発見されました。

池敷には図F‐9‐1のように角礫凝灰岩主体の古第三系とそれを覆う形の安山岩がほぼ半分ずつ分布していました。貯水位を下げて調査したところ、安山岩分布箇所の表土にクレーター状の無数の孔が見られ、湧水沢までの地質分布とあわせて考えると、安山岩が原因であることがわかりました。

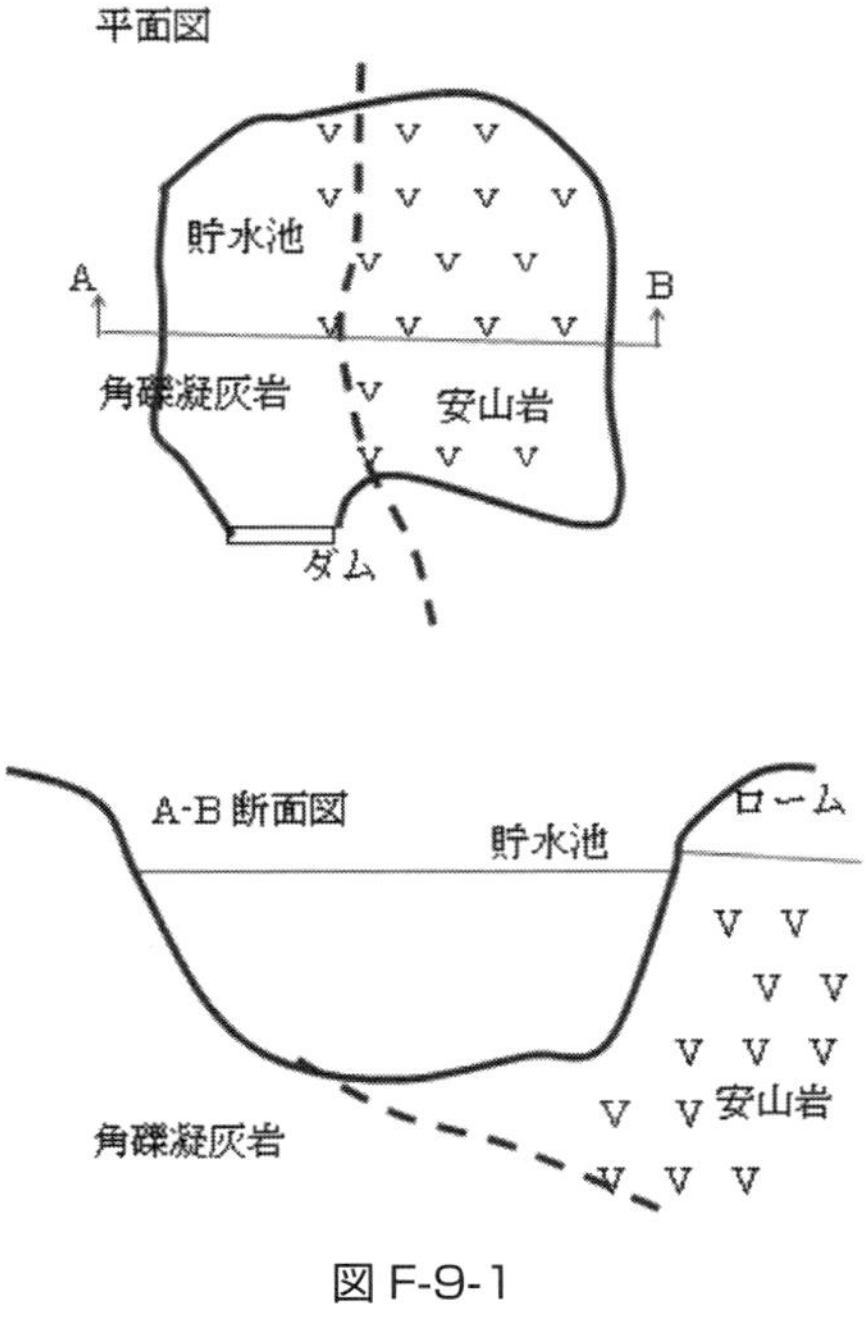

図 F-9-1

教訓

石灰岩分布域がダム漏水に関わることはよく知られるものだが、火山岩でも要注意のこと。

第一〇節　トンネル掘削方向と割れ目（2）

トンネル掘削前の地表踏査で、図F-10-1のような片理面とトンネル断面との関係がわかっていました。法面における流れ盤すべりの概念はわかっているつもりだったので、このトンネルを掘削すると右側からすべりやすく要注意と指摘しました。しかし実際には左肩からの崩落が相次いだのです。指摘したような岩盤すべりは起こらず、多発したのは岩盤の剥落でした。

教訓

異方性岩盤の地質構造とトンネル方向との関係で起こりやすい崩壊あり。

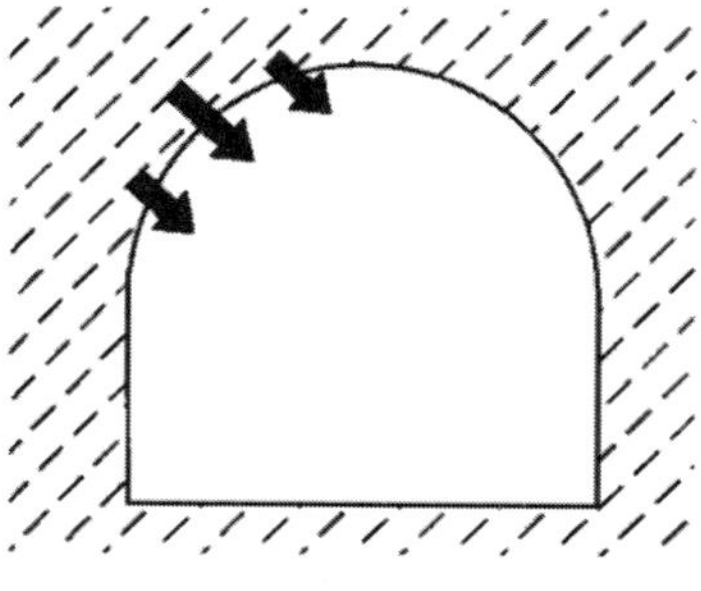

図 F-10-1

参考文献

（1）田中芳則・古部浩：建設工事と地盤地質、技術書院　二〇〇〇
（2）古部浩・武藤光・山本浩之・宇津木慎司：改訂新版建設工事と地盤地質、古今書院　二〇一三
（3）古部浩：危険予知地質術、応用地質第四三巻第一号　二〇〇二
（4）古部浩：岩種から予測される施工上の問題点に関する対比表の私案、応用地質第三二巻第三号　一九九一
（5）古部浩：人がつくった地盤、応用地質第四六巻第五号　二〇〇五
（6）出納和基夫：スイス・フルカ峠のクリープ地形、応用地質第四〇巻第二号　一九九九

古部　浩

技術士
（応用理学部門　地質）
日本応用地質学会名誉会員

著者経歴

一九四四年　満州国奉天市で生まれ、福岡市で育つ
一九六八年　九州大学理学部地質学科卒業　日本炭鉱（株）入社するも三年で閉山
一九七一年　（株）間組入社、技術研究所配属以後本社技術部門三六年
二〇〇七年　（株）ハザマ退社
日本基礎技術（株）入社九年　現在に至る

非常勤講師

日本大学文理学部応用地学科非常勤講師（一九八八～一九九五）
法政大学工学部土木工学科非常勤講師（一九九八～二〇〇七）

主要著書

田中芳則・古部浩『建設工事と地盤地質』技術書院　二〇〇〇
田中芳則・古部浩『韓国語版・建設工事と地盤地質』二〇一一
古部浩・武藤光・山本浩之・宇津木慎司『改訂新版・建設工事と地盤地質』古今書院　二〇一三

地質地形の薦め

桑原　啓三

【目次】

地質地形の薦め

桑原　啓三

はじめに

言葉は大事である。文字にすると漢字の場合は、英語などの表音文字と異なり、表意文字であるので漢字そのものにも意味がある。昔の人は、地質に限らず外国語を日本語にするときに意味を考えて日本語にしていた。それが最近崩れかけてきているように思える。例えば、supergroup はかって累層群といっていたが、最近超層群というようになってきている。「累」は「かさなる」という意味があるのに対し、「超」は「こえる」という意味の漢字である。Supergroup は複数の層群を集めたものであるから「累」がより適切であると筆者は考えている。また、erosion は地学関係では侵食と書かれていることが多い。一方、新聞やテレビでは浸食を用いている。文部科学省の学術用語集地学編では侵食であるが、化学編では浸食となっている。国語・漢和辞典では、侵食が人の領分を次第に犯すこととなっているのに対して、浸食は流水や風などで陸地が削り取られる作用としている。浸食と表記するのは、大地を削るのは水ばかりでなく風などもあるというのが理由と人づてに聞いたことがある。「侵」は人がするものを表し、侵食は侵略などと同義であるから自然界の現象は浸食を使うのがよいと筆者は考えている。因みに、浸食の食は「蝕」を用いたい。

また漢字の並びも大事である。二つの単語を並べて一つ用語として使う場合、一般に後に来る単語の方に重きが置かれ、前の部分は修飾語である。例えば、「土木地質」と表記した場合土木に役に立つ地質という意味で、あくまでも地質が主体である。造語の時は気を付けたい。

単に、語呂がよいからとか英日辞書でそうなっているからというだけは味気ない日本語になりかねない。

第一節　岩盤地すべりの始まり（弥栄ダム）

昭和四五～六年頃、土木研究所地質研究室へ転勤して間もないころ、中国地建（現在の中国地方整備局）へ出張した。その時太田川工事事務所に同期入省の定道君（当時太田川工事事務所調査設計課長）がいたので寄り道をしたら、今八丁ダム（現弥栄ダム）で横坑を掘っているので見に行かないかと誘われた。

事務所から八丁ダムまでは当時車で約一時間、現場に着いて右岸中段の横坑に入った。横坑はまだ十数メートルしか掘ってなくそれほど良い岩盤とは思わなかったが、まだ風化ゾーンであるし、そのうち良くなるだろうと勝手に想像していた。夜、定道君と事務所長と三人で会食し、「まだ悪いけど、そのうち良くなるんではないですか」といって酒を楽しんだ。土研に帰りそのことを岡本地質研究室長にも同じように報告した。

それから一〜二か月経って、横坑が掘り終わったというので、岡本さんをはじめ土木研究所のダムの御歴々が八丁ダム視察に行った。岡本さんが視察から帰ってきて、開口一番「桑原、お前は何を見てきたのだ!」とこっぴどく叱られた。本人は何も分からない。よくよく話を聞いてみると、横坑四十〜五十メートルのところに一メートル近い開口部が二条あって板を渡してある。落ちたら一巻の終わりである。「横坑の中に橋があるようなところにダムは造れるか!」ということである。

ダムが造れないとすると、中国地建は既にこの地点付近にダムを造ると発表しているから大変である。岡本さんたちは上下流でダムサイト探しを始めた。それと並行して岩盤の開口割れ目の原因究明が始まった。もちろん前歴があるので、その両方に私が加わることはない。以下は、研究室内等で人が話しているのをまとめたものである。

図K-1-1は、開口亀裂発生の原因究明のために行われた弾性波探査で、尾根を越えて測線が張られている。当時の建設省は、金はなかったが、心に比較的余裕があり、贅沢な調査ができた時代である。今は金はあるが、このような余裕のある調査はできない。この図を見ても、私が見た横坑（標高一〇〇メートル付近）の十数メートルでは弾性波速度2.0km/secであり、良くないが、間もなく

5km/secとなり、良くなりそうである。稜線のところに凹みのあるのが気にかかる。二万五千分の一地形図（図K–1–2）ではあまり分からないが、稜線部に大きな凹みがあった。地元の人はこの凹みをドリーネと言っていたそうである。ドリーネは、カルスト地形の発達する近くの秋吉台で見られる。こんなことから成因は異なるが、ドリーネと呼んでいたのであろう。

とにかく弾性波探査を含め、この地点では膨大な調査が行われた。その結果、図K–1–3平面図と図K–1–4断面図に示すようなすべりゾーンとクリープゾーンがあることが分かった。

当時、この地点の調査を主導していた渡地すべり研究室長は、これを岩盤すべりと呼び、地すべりの一つのタイプとした。これが岩盤すべりという名称の始まりである。

なお、ダムは図K–1–2に示すように、最終的にこのすべりを避けて直上流に建設されている。

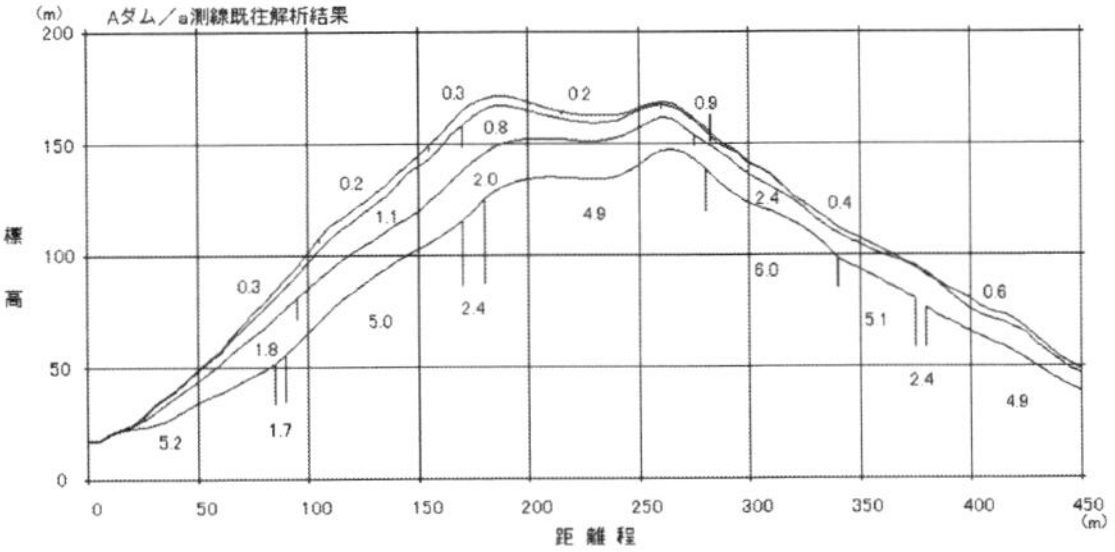

図 K-1-1　弾性波探査解析結果剥取法[1]

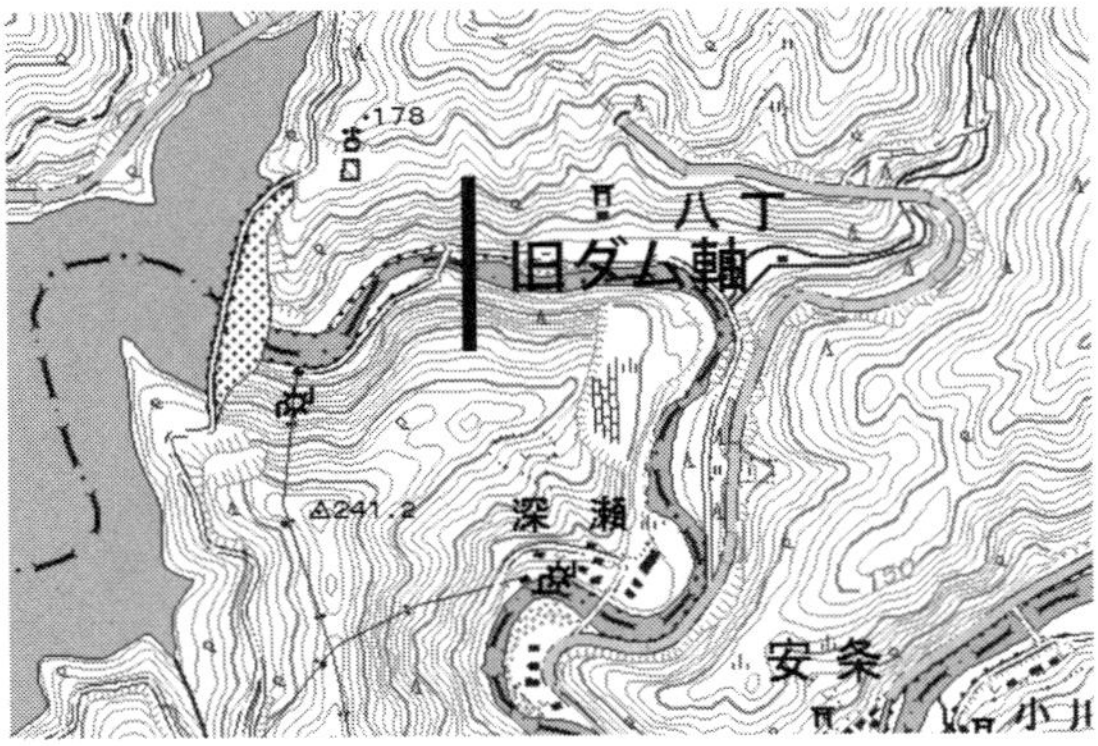

図 K-1-2　弥栄ダム周辺地形図

後日談

昭和四七年に行われた弾性波探査の走時曲線を用いてトモグラフィ的解析が日本応用地質学会物理探査再評価委員会（2）で行われた。その結果を図K－1－5に示す。図K－1－4に示すボーリング、横坑調査結果とは若干異なるが、図K－1－1の剥ぎ取り法に比べ、比較的よく合致しているようである。

物理探査とボーリングや横坑などの調査結果を単に並べるだけでなく、比較検討することが調査精度の向上に寄与すると考える。

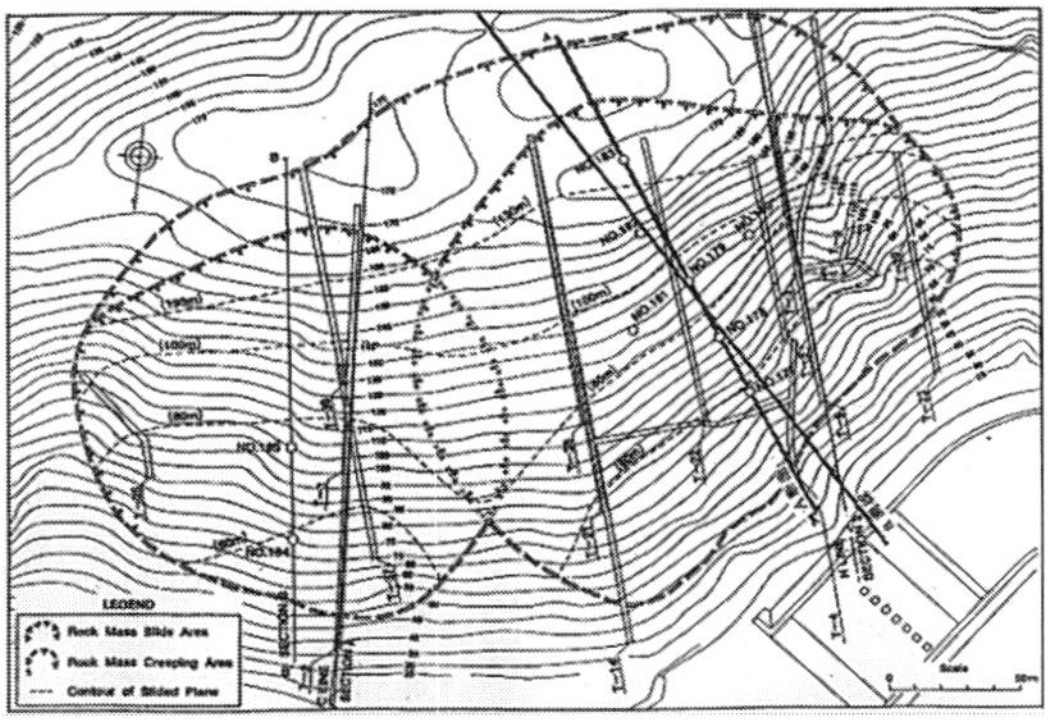

図 K-1-3　調査結果によるクリープゾーン(1)

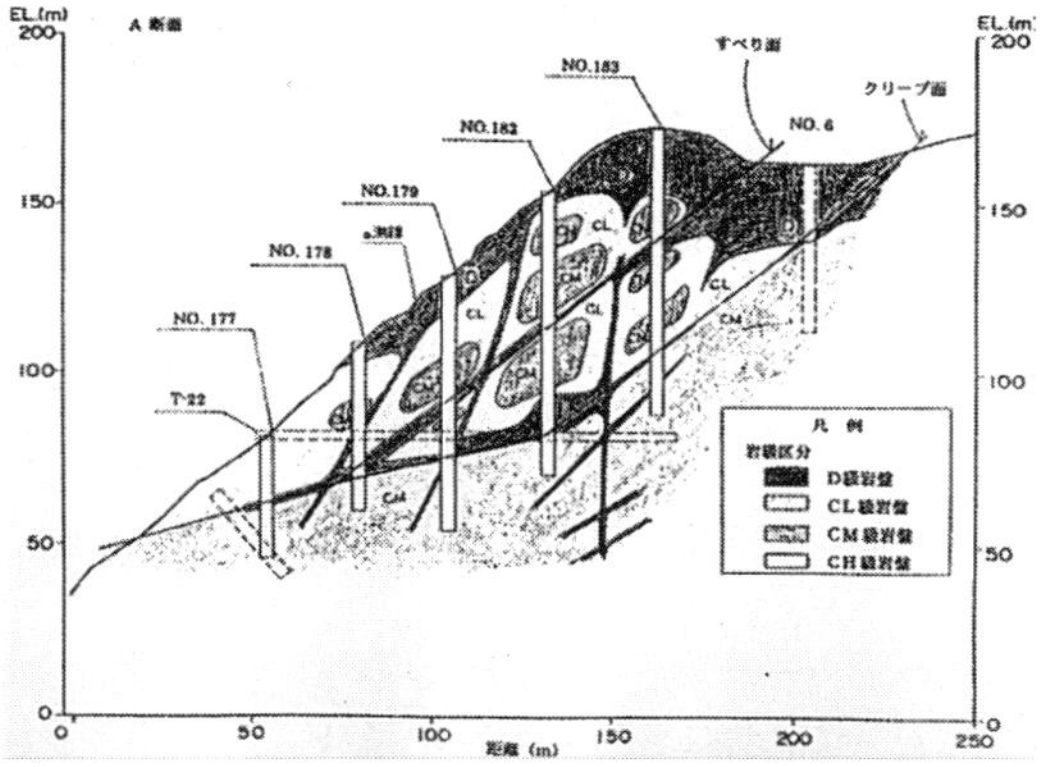

図 K-1-4　調査結果断面図(1)

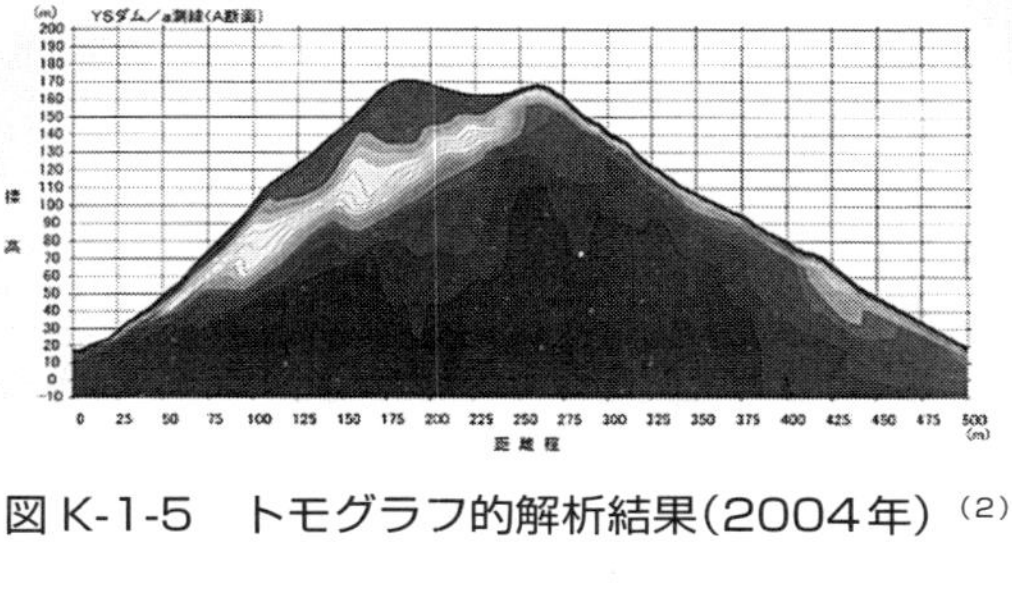

図 K-1-5　トモグラフ的解析結果(2004年)(2)

第二節　地形をよく見よう（四国三坂峠）

高規格幹線道路で松山と高知を結ぶ計画があり、愛媛・高知県境の三坂峠付近を通ることになり、㈶国土開発技術研究センターで委員会を設置し、調査計画の立案と調査結果のとりまとめを行うことになった。

高規格幹線道路のルートは、愛媛県側から図K-2-1イの独立標高点五三八メートルの山の下をトンネルで抜ける計画であった。この五三八メートルの山は昭和四一年に愛媛県で開催された全国植樹祭時の昭和天皇植樹の森である。また高知県側は注記つづら川の右やや上にある尾根を抜ける計画であった。

最初に問題になったのは高知県側のロ地点で、問

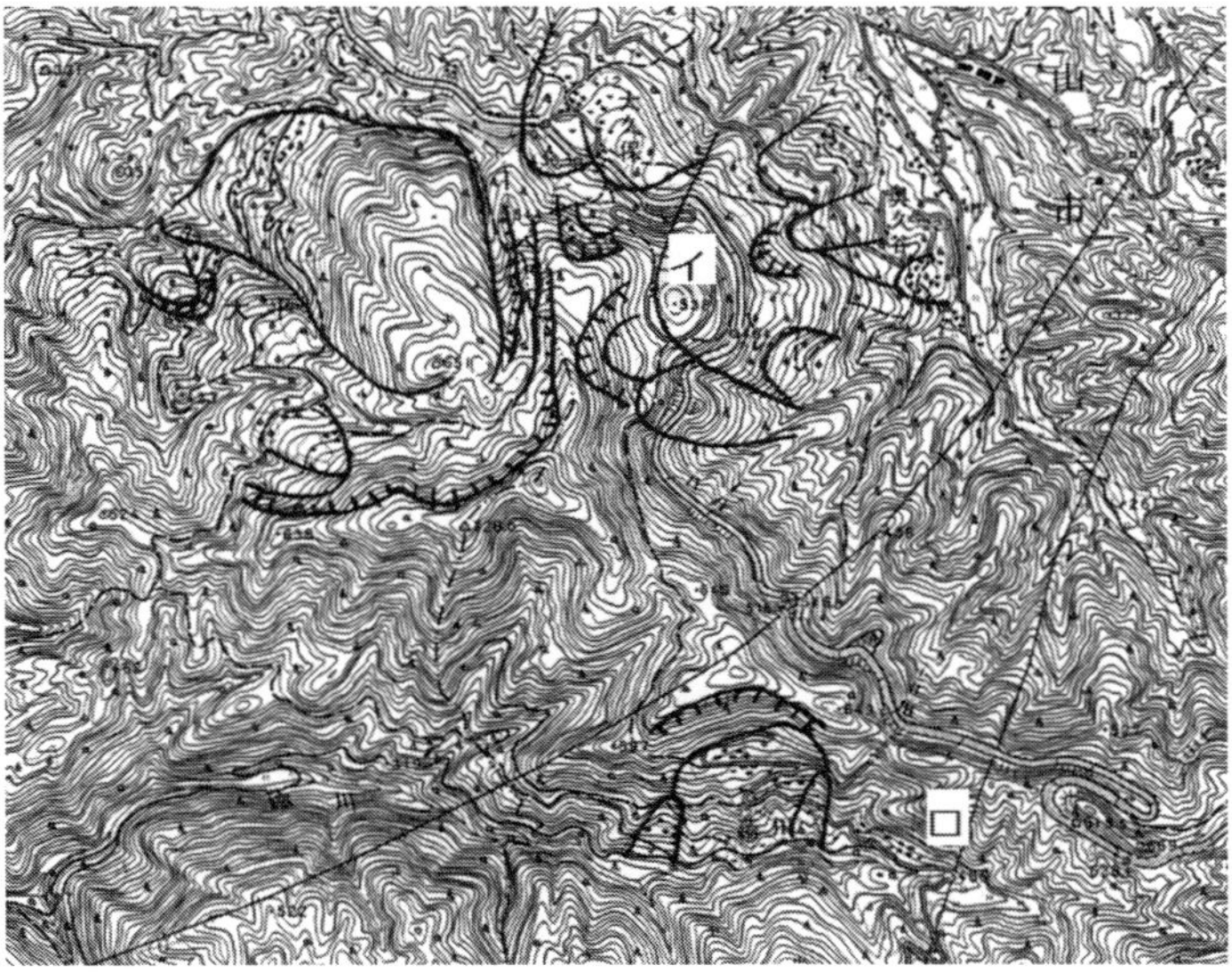

図 K-2-1　三坂峠地形判読図（判読は鈴木隆介による）

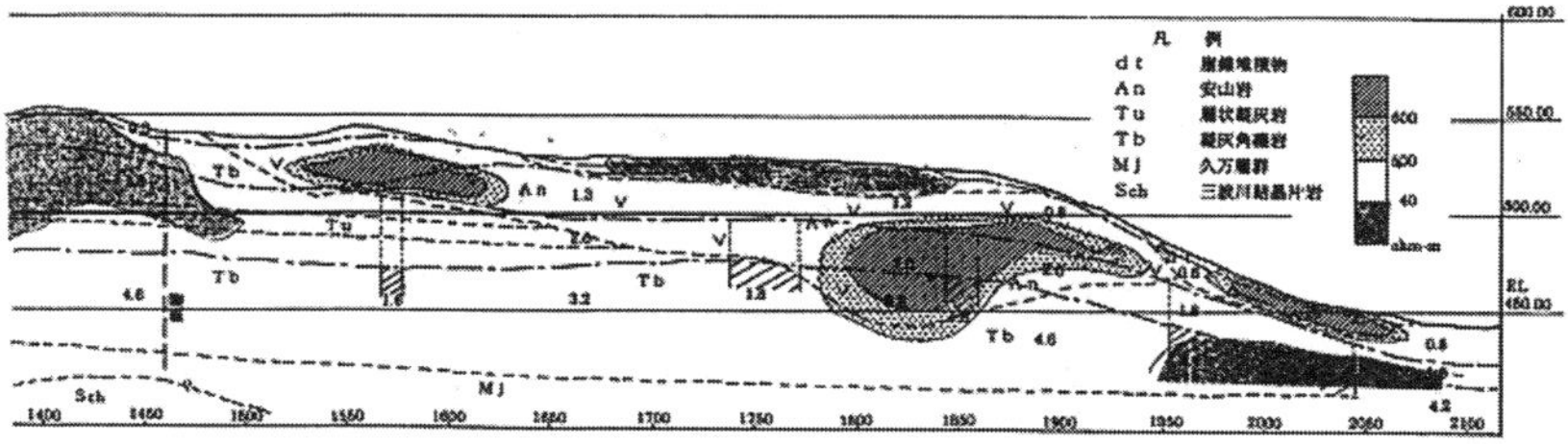

図 K-2-2　物理探査結果図(3)

題の尾根はほぼ東西に延びる主尾根から直交方向に延びず斜めに突き出している。またこの尾根の稜線付近には、現地踏査結果の報告によると、開口亀裂が見られたとのことであった。この尾根は滑っているのではないかとの委員の指摘があり、再度現地踏査をしたが分からず終いだった。

次に問題になったのがイの植樹の森である。独標五三八のところは急斜面から緩傾斜をなったところで谷はない。地質は凝灰角礫岩を安山岩が覆っている。現地調査をしたコンサルタントは、この山は安山岩からなっていて後ろの山は凝灰角礫岩であるから、地形が急変するのは当然で、特に問題ないということであった。しかし、私は背後の斜面は凹状をなしていること、緩傾斜部になると谷が無くなり、尻無川の様相を呈していること、現地を見ると頭部が凹んでいるように見えることなどから、地すべりではないかとの疑いを持った。また、物理探査の結果によると、図K－2－2に示すように、電気探査の結果では高比抵抗値を示しているが、弾性波探査では2.0km/sec層が厚い。激論になったが、収拾がつかなかった。翌年度になって、ボーリングする予算が付き、最初はコンサルタントの提案で別地点でボーリングすることに発注されていたが、委員会で半ば強引に独標五三八のところで行うように掘削地点を移動した。

搬入されたボーリング機械は、別地点で発注されていたため、せいぜい二〇〇メートルしか掘れない小さな機械であった。掘削を開始すると、ガラばかりである。五〇メートルも掘削すると、「もうこれ以上掘れない」とフォアマンから泣きが入った。そこを松山工事事務所の方に「兎に角もう少し掘ってくれ」とお願いしてもらい、フォーメーションの位置まで掘削した時点で委員会の方々に見てもらった。トンネル位置付近のボーリングコア写真を写真K-2-1に示す。写真K-2-1に見られるように、まだ礫状のコアである。この状態はすべり土塊の中であると判断され、結局このルートは断念された。それでも写真をよく見ると流入粘土が詰まってきている。浅い深度では流入粘土も見られなかったので、そろそろすべり面に近づいてきたのであろうと思われた。

後少しですべり面に到達しそうなので、すべり面に到達するまで掘って貰うようにしたが、何せ機械が小さいため、フォアマンが一生懸命機械をしゃくりながら掘るのであるが、一向に進まない。八〇メートルを超えたところで泣きが入ったので、断念した。ついにすべり面には到達できなかった。

写真 K-2-1　イ地点コア（深度65～74m）

後日談

後日中央大学の鈴木教授にこの付近を地形判読してもらった（図K-2-1）。問題のイ地点は地すべりと判読されている。周辺は大小の地すべりがあると判読されている。

高知県側の口地点も再再度の現地踏査の結果ゆるみ岩盤（地すべり）と分かった。このように、やせ尾根が斜めに突き出し、途中でオタマジャクシのお腹のような地形をしているとそこは不安定地形とみてよい。結局、このルートは断念され、地すべり群を迂回するルートで開通している。

計画段階における地形判読は事業の円滑な進捗に欠かせないものである。

第三節「地質地形」の薦め

地質関係の報告書・学術論文あるいは市町村を紹介するパンフレットなどではその本が対象としている地域の説明の目次として「地形地質」としていることが多い。すなわち、最初に「総論」あるいは「はじめに」があって、その後に「地形地質」と続いている。その「地形地質」では、先ず対象地域の地形を説明して、その後地質の説明がある。それから本論に入るのが一般的である。そしてほとんどの場合、「地形地質」の項では地形と地質は全くと言っていいほど関係ないように書かれている。

一例(4)を以下に示そう。

【Tダムサイト周辺の地形は図、写真に示すように標高七〇〇～四〇〇メートルの範囲内にあり、標高約六〇〇メートル以上では、ほぼ平坦な地形面となっている。

右岸側では急峻な崖が二つ認められ、一つは右岸ダム天端付近の標高五四〇～五〇〇メートルから河床の標高四五〇メートルまで続く急崖であり、他の一つはK川に面した標高五六〇メートルから標高五一〇メートル以下に続く南側斜面である。このほかに右岸頂部の標高五一〇～五三〇メートルの区間にもやや小さいが急崖が認められる。これらの急峻な斜面は後述するように地質状況とよく対応しており、それぞれ、安山岩、溶結凝灰岩、段丘堆積物の形成する斜面となっている。

左岸側ではダムサイトの取付部から北東方向に約二〇〇メートルは半島状にやせ尾根が伸びており、（中略）

Tダム周辺の河川の流路についてはM川、B川等の南東方向に流れる河川がダムサイト直下流からダム軸とほぼ同方向の北東方向に屈曲し約二〇〇メートル流れ、この地点から再び南東方向へ大きく蛇行して流れている。】

地形はどのようにしてできているのであろうか。鈴木隆介著「建設技術者のための地形判読入門」(5)によると、図K-3-1に示すように、地形を造っているのは地形物質であり、地形物質はすなわち地質である。地形種の大きさに従って地形物質の厚さも変わってくる。すなわち、山脈や平野のような大地形を造っている地形物質と段丘や扇状地を造っている地形物質の厚さも地質も異なる。山脈を造っているのは岩盤であり、扇状地を造っているのは山地から平地に流れ出た河川の洪水流堆積物である。

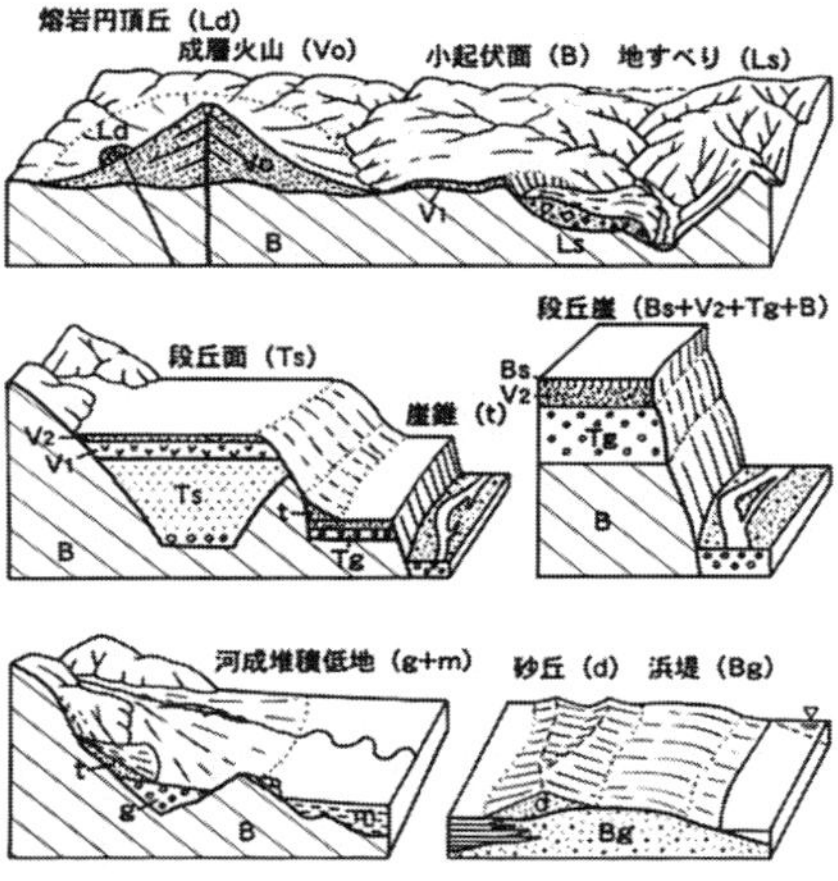

B：基盤岩石，Vo：火山噴出物，V_1：古い火山灰，V_2：新しい火山灰，Ld：円頂丘熔岩，Ls：地すべり移動体，Ts：段丘堆積物，Tg：段丘礫層，t：崖錐堆積物，Bs：土壌，g：礫層，m：砂泥層，Bg：浜堤堆積物，d：砂丘砂層．地形種名の次のカッコ内はその整形物質を示す．

図 K-3-1　地形種と形成物質(5)

山地や丘陵を造っている岩盤には新鮮な硬い花崗岩もあり、大谷石のような軟らかいものもあり、砂泥互層のようにサイクリックに硬軟があるものもある。また、岩盤には断層や褶曲、割れ目があり、さらに地質の違いにより風化しやすさも異なる。岩盤が地殻応力を受け、基盤褶曲や断層によって山脈を形成し、より小さな褶曲や断層、浸食によって尾根や谷などのレリーフを造り、さらに岩盤の硬軟や岩盤中の割れ目などによってより細かい地形が形成される。

地形は地球の表面であり、地質は地球を形作る物である。地質＝地形物質がなければ 地形は成り立たない。実体がなければ表面はない。極端に言うと、地形は地質の従属関数である。地質と地形は切っても切れないものであり、地質の性状によって地形は規制されている。すなわち、ロックコントロール（岩盤規制）である。地形地質というと、地形・地質と捉えられがちであり、地形と地質は別のものとなる。前述のように、地形と地質は表裏一体のものであり、切っても切れないものであるから、自然地理や地質関係では地質を表す地形すなわち地質地形として表現したほうがより地形を理解しやすい。

例えば、山がある。単に「標高○○メートルの山がある」だけでなく、なぜそこに山があるのか、山はどうしてできたのか、を一緒に説明したほうが理解しやすい。山は火山なのか、褶曲によってできたのか、餅盤によって曲隆してできたのか、火山ならば熔岩円頂丘なのか、成層火山なのか、楯状火山なのか、それによって異なる山の形を思い浮かべることができる。町のはずれの丘陵はどうしてできたのか、裏の崖はなぜ・どうしてできたのか、みな同様である。地形物質を説明することによって地形がより明確に説明できるようになる。一例(6)を示そう。

【雲南一帯の地形を概観すると吾妻山(一二四〇メートル)、烏帽子山(一二二五メートル)などで代表される中国脊梁山地が、中国準平原の上に、急峻な地形をなして一段と高くそびえている。(中略)

中国脊梁山地の山頂部には、たとえば船通山や吾妻山大膳原などにみられるような概して平坦な地形が発達し、一見高原状の自然景観を示している。これを高位浸食平坦面と呼ぶことがある。これに対して、切峰面図で見られる六〇〇〜七〇〇メートルから約二〇〇メートルの範囲にみられる緩斜平坦面は、高位浸食平坦面形成後にできた平坦面で、ふつう中国準平原といわれているものはこの地形面を指している。(中略)

花崗岩類は、他の岩石に比較して風化しやすく浸食作用が進みやすい。そのために特に花崗岩地帯の面積が大きい中国地方で識別されやすく、中国準平原という名前もつけられたのであろうが、これに対して脊梁山地を造っている岩石は、流紋岩といって特にかたくて緻密であり、花崗岩と対照的な岩石である。そのために容易に浸食を受けず、残されているのである。それゆえに、花崗岩と流紋岩の分布区域との間に大きな地形上のギャップができたわけで、切峰面図で見られるように六〇〇~七〇〇メートル付近から急に等高線の間隔が開いているのは実はこれをあらわしている。(以下略)】

地形も地質もGeo(地球、土地)の事象である。同じGeoのことをいうのであるから、一体となっているのが自然である。地盤を形成している地質を説明する地形として「地形・地質」ではなく、「地質地形」とすることを薦める。

第四節　マスムーブメント

四・一　マスムーブメントの分類

土砂の移動用語として、一般にマスムーブメント mass movement(集団移動)が用いられている。マスムーブメントは、Glossary of Geology(7)によると、斜面構成物質が斜面上を重力によって下方に移動する現象とし、空中を落下するものや土石流のような流体の移動は含まれていない。土石流などはマストランスポート mass transport と呼ばれている。マスムーブメントとマストランスポートの総称としての一般用語としてマスウェイスティングmass wastingといっているが、一般にマスムーブメントとマスウェイスティングとを厳密に分けずマスムーブメントということが多い。ここでも便宜的に落石、マスムーブメント、マストランスポートを合わせてマスムーブメントという。

マスムーブメントの分類の著名なものとして、Varnes, D. J.（一九七八）の分類[8]がある。この分類は、物質の種類と移動の形態で、落下、トップル（転倒）、すべり（回転、並進）、伸張、流動およびそれらの複合に分類した。また、Huchinson（一九八八）[9]は、Landslideの主分類をリバウンド、クリープ、サギング、ランドスライド、岩屑移動、トップル、落下、複合回転すべり、およびそれらの複合に八分類し、さらに主分類中のランドスライドを拘束すべりConfined failure、回転すべり、複合すべりと並進すべりに四分類している。さらに世界地すべり目録委員会[10]によると、Landslide は The term landslide denotes "the movement of a mass of rock, debris or earth down a slope"（岩、岩屑あるいは土の斜面を下降する運動）とされ（Cruden & Varnes, 1996)、この定義は広く世界で用いられている。

表K-4-1　マスムーブメントの分類

呼称	運動様式	岩石	岩屑土砂
落石 / 岩盤崩落	崩落 自由落下）	剥離型落石　崩落	浮石型落石　崩落
岩盤崩落 / 崩壊	トップリング 回転、転倒）	ブロックトップリング　たわみ性トップリング	ブロックトップリング
崩壊 / 地すべり	すべり せん断変形）	平面すべり　くさびすべり　円形すべり（スランプ）	表層崩壊　スランプ
地すべり / 大規模崩壊	膨隆　伸展 塑性流動）	膨隆　伸展	ブロックスライド
地すべり / 大規模崩壊	流動	グライツング　サックング	土石流 岩屑流

日本では、日本地すべり学会地すべりに関する地形地質用語委員会(11)によると、「地すべりとは斜面を構成する物質が斜面下方へ塊の状態で運動する現象を云う」としている。ここで、斜面を構成する物質とは、岩石、土砂礫、液体、気体など全てを含み、塊の状態とは、岩塊一個からある空間領域を占有している状態までを、また斜面下方へとは、これらの物質が斜面上における重力の位置のポテンシャルがある値の場所からより小さい場所へ移動することを意味するとしている。この定義による地すべりは、落石、土石流、火砕流は言うに及ばず、移動の原因を問わないので熔岩流なども含むと見ることもできる。この地すべりに関する地形地質用語委員会による定義は、世界地すべり目録委員会のLandslideを直訳したものであり、マスムーブメントより広い範囲をカバーしている。そのため、委員会でも混乱を招く恐れがある場合には、新しい定義を「地すべり（総称）」あるいは「地すべり（広義）」、従前から地すべりとしているものは「地すべり（狭義）」とするように表現するのが望ましいとしている。

因みに筆者は、斜面物質の移動形態を表K－4－1のように分類している。ここで呼称とはマスムーブメントを主に移動物質の体積で分けている最近の言い方で、例えば地すべりは従来明瞭な地すべり地形を示す土塊が雨期や融雪時にゆっくりとすべる比較的規模の大きなものを言っていたが、最近は移動速度の速いものも地すべりと呼び、従来山崩れ、地崩れなどと呼ばれていたものも地すべりということが多くなってきている。このため、地すべりなどは移動の様式ではなく、呼称とした。

四・二　崩落

一般に（呼称で）崩落といわれるものには、図K－4－1に示すような形態があり、高角度のすべり、岩体下部が無くなって落下する崩落、転倒（ブロックトップリング）、岩体の自重による自由面（崖面）への変形であるスラブ破壊、岩体の自重による崖面下部の圧壊である座屈に分類した。スラブ破壊は写真K－4－1に示すように岩盤の自重によって斜面内に引張り応力が発生し引張り亀裂を生じるもので、座屈は岩盤の自重が斜面下部に集中し変形破壊するものである。スラブ破壊や座屈は最終的にはすべりや転倒などの運動様式となる。

四・三　崩壊・地すべり

一般に、地すべりとは、山地や丘陵の斜面において移動領域と不動領域との境界にすべり面となるような物質があり、比較的規模が大きく、遅い速度で繰り返すことが多いと云われている。

地すべりと崩壊の境界は、従前は特定の地質のところで繰り返し

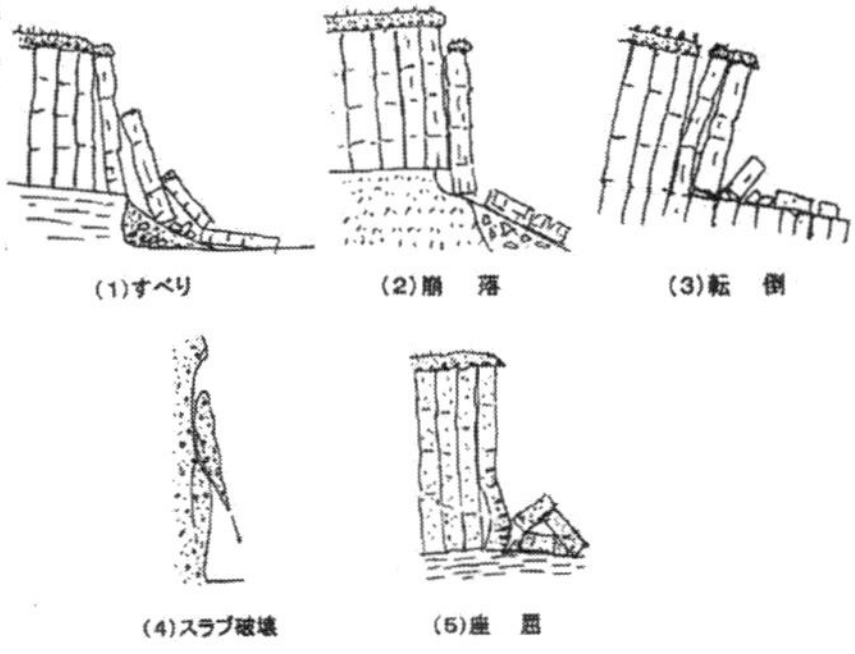

図 K-4-1　崩落の形態

写真 K-4-1　スラブ破壊の例

滑動し速度の遅いもの、すなわち主に粘稠《ねんちゅう》型の地すべりのみを地すべりと呼び、崩壊は地質を問わず突発的に発生し移動速度の速いものとしていたが、近年地すべりと呼ばれる領域が広がりその境界は曖昧になっている。例えば、地すべり土塊が岩盤地すべりのように未風化岩～風化岩からなることもあり、また移動速度も崩壊性地すべりといわれるように速度の速いものもある。したがって筆者は、表K－4－1に示したように、両者の相違は単に移動物質の体積の相違か、あるいは行政上の扱いの違いによるものと考えている。

四．四　大規模崩壊

崩壊規模（数百万～）一千万立方メートル以上のものを言う。さらに一億立方メートル以上のものを巨大崩壊と呼ぶこともある。大規模崩壊はその形態から図K－4－2に示すようなサックング、グライツング、スランプ―サックング、スランプ、前スランプに分類した。スランプ型は一九八四年長野県西部地震時に発生した御嶽の崩壊が代表的なもので、サックング―スランプ型はスランプ型の崩壊下部が大きく開いているものをいう（例　大野市勝原の九頭竜川左岸）。グライツング型はすべり面が明瞭なもの、サックング型は不明瞭なもので、いずれも運動様式は

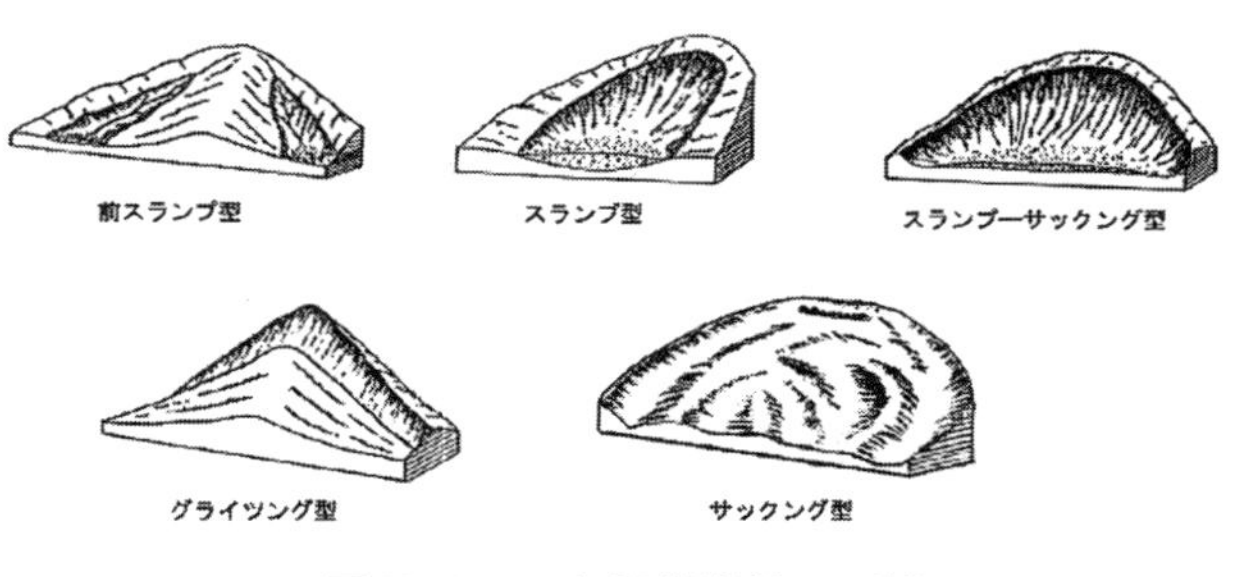

図K-4-2　大規模崩壊の形態

流動である。前スランプ型はスランプ型に移行する直前の段階で、ほぼ連続した破壊面が形成されているると思われるのでここに入れた。

四．五　深層崩壊

この数年、深層崩壊という言葉が使われるようになってきている。深層崩壊について千木良(12)は次のように述べている。

【「深層崩壊」の用語は、それと類似した用語である大規模崩壊や巨大崩壊の用語が意味することを考えると理解しやすい。後二者は、いわば平面的に見て規模（面積）が大きいことに注目したものである。（中略）しかし、これらは「規模が大きく、移動速度が大きく、その被害も甚大である」ということを想起させ、〝便利な〟用語であるといえる。（中略）「深層崩壊」も、本質的にはこれらの用語と同じである。違いは、平面的な広がりではなく、断面的な広がりに視点をおいている点である。深層崩壊は表層崩壊と対になった用語であり、「体積が大きいとともに、斜面表層の風化物や崩積土だけでなく、その下の岩盤をも含む崩壊で、地質構造に起因したもの」であることを特徴としている。深層崩壊を強いて定義するなら、こうなるであろう。（以下略）】

この定義では、深層崩壊は表層崩壊と対になる用語としている。一般に、表層崩壊は土壌でいうC

層とB層の境界ですべる厚さ二メートル程度以下で豪雨時に生じること多く、崩壊土量も百立方メートル以下で約半数を占める。また、表K－4－1に示したように、表層崩壊は岩屑や土砂の崩壊であり、岩盤を含む崩壊は崩壊様式によって分類するのが一般的である。さらに、深層崩壊は大規模崩壊、巨大崩壊と同じような規模であるが、地質構造に起因したものとしているが、崩壊規模が大きくなるほど複合的な様式の崩壊が多くなり地質構造よりむしろ岩盤の強度に起因しているように見える。例えば、大規模崩壊の前駆現象といわれる二重山稜は地質構造に関係なく、山体の大きさに比べ比較的強度の低いところに生じている。

かつて山崩れや地崩れという言葉が使われていた。これらの言葉は崩壊規模が明瞭でなかったため広い範囲に使われていた。そのうち土塊の破壊をあまり伴わず緩慢で継続的な運動をするものを地すべりと区分する（中村慶三郎(13)など）ようになり、地すべり以外の地崩れを規模に応じて表層崩壊、崩壊、大規模（巨大）崩壊に区分するようになった。

今村による(14)と、「区分」は現象をある要素でいくつかに分けるもの（トップダウン）であり、「分類」はいくつかの要素で区分されたものを別の特徴に留意してより大きなものにまとめる（ボトムアップ）ものであるとしている。この観点から見ると、〃深層崩壊〃は岩盤のマスムーブメントから崩落、ブロックトップリングを除いたものであり、山崩れや地崩れと同じものと思われ、用語として先祖帰りをしたように思われる。

四．六　地すべり層準の分帯

四．六．一　分帯の例

かつて小出博（一九五五）⒂は、日本内陸部に分布する地すべりをその発生地の地質と現象から第三紀層地すべり、破砕帯地すべり、温泉地すべりに三分類した。第三紀層地すべりは主としてグリーンタフ地域の地すべりを、破砕帯地すべりは中央構造線のような断層破砕帯に発生するものを、また温泉地すべりは熱水作用や硫気作用などの後火山現象によって生じる地すべりを指している。この小出による分類は、地質現象と地すべりとの関係を良く表しているものの、細部を見ると、蛇紋岩で発生しているものが分類されていない、第三紀層地すべりには熱水変質を被ったものや厚い玄武岩が載っているものなどがある、また破砕帯地すべりには高圧変成作用で破砕されたような変成岩あるいは付加帯堆積物に多く見られる混在岩で発生しているものも含まれているなど、いくつかの問題が存在する。

このようなことから、黒田（一九六六）⒃は第三紀層地すべりを地質時代と堆積盆の違いによって五分類に、破砕帯地すべりを非変成岩と変成岩に分けて三分類に、また蛇紋岩で発生するものを加え、全部で十分類した。安藤（一九七四）⒄は、さらに第三紀層地すべりを細分し、グリーンタフ地域の第三系を含油第三系型と緑色凝灰岩型に区分した。その後、黒田・大八木・吉松（一九八二）⒅は、地すべりの型・運動タイプなどを考慮し、地層の形成年代、堆積場所、堆積物の性状によって分類した。また、新潟県（一九七八）⒆は、日本の県別の地すべり発生層準をまとめている。

筆者らは、日本各地のダム湖周辺で発生した地すべりをもとに地すべり発生層準を地質分帯した（表K－4－2参照）。

四．六．二　地すべり分帯の考え方

地すべりを発生させる大きな地質的要因は、岩石あるいは割れ目を含む岩盤の強度、風化や変質による劣化、強度の著しく低い特定の層の存在と斜面傾斜方向との関係などである。例えば、堆積岩は生成年代が古くなるに従って強度が高くなるが、砂岩と泥岩を比べると一般に泥岩の強度は低くかつ変形性に富んでいる。火成岩では、花崗岩の新鮮岩では強度は高いが、風化の進行が速い。安山岩や玄武岩は板状あるいは柱状の節理の発達が著しい。結晶片岩は岩片の強度は高いが、片理に富み薄く剥げやすい。このようなことから、堆積岩は火成岩、変成岩に比べ比較的強度が小さく、変形性に富むため、地すべりが多く、変成岩は岩片の強度は高いものの片理が発達し、破砕されていることから地すべりが多く発生している。一方、火成岩、特に深成岩では地すべりの発生は少ない。

　堆積岩を地質時代で見ると、先新第三紀の地層と新第三紀以降の地層とでは岩石・岩盤の性状は著しく異なり、先新第三紀の地層は固結度が高く、すべり面の傾斜は比較的高角度であるのに対し、新第三紀

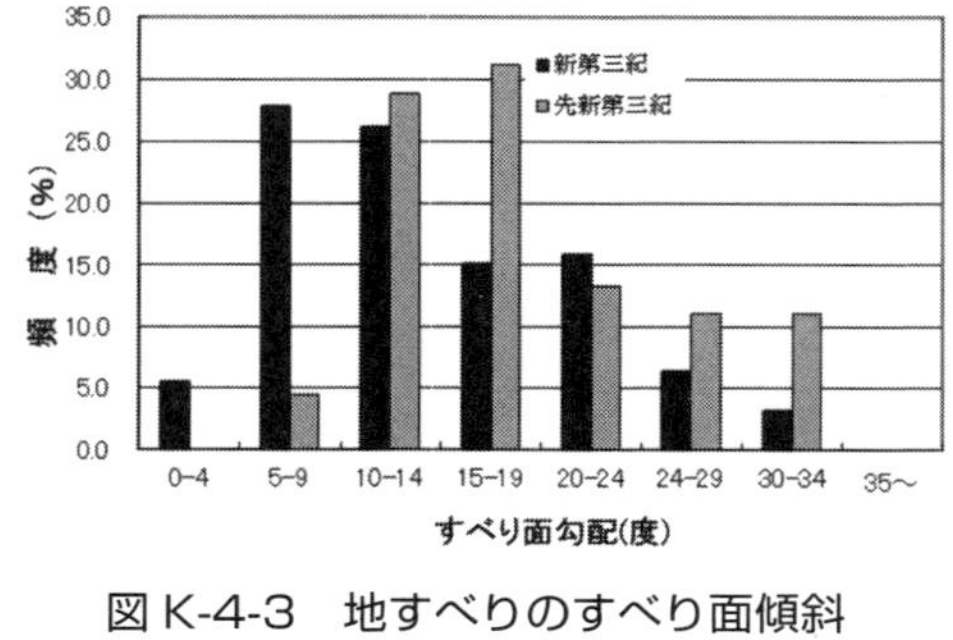

図K-4-3　地すべりのすべり面傾斜

以降の地層特に第四紀層は固結度が低く、すべり面は低角度となっている（図K−4−3）。新第三紀以降で高角度のすべり面は、火山性堆積岩によるものが大半である。また、先新第三紀と新第三紀以降との地すべりの規模を比較すると、前者がすべり面の深度（地すべりの厚み）がやや大きく（図K−4−4）、かつ地すべり土塊の土量もやや大きい。新第三紀以降の堆積岩のすべり面は、グリーンタフ地域の海底火山活動によるスメクタイトを多く含む凝灰岩や、泥岩に挟まれる軟質な凝灰質泥岩が大半である。また、強度の著しく低い地層、例えば炭層などを岩盤に挟在する地層は、その層をすべり面として地すべりを起こしていることが多い。一方、先新第三紀では、泥岩、緑色岩をすべり面としている。また、九州北松浦地域や東北地方では火山活動による熔岩や火砕流堆積物が新第三紀層を被って、上載荷重となって地すべりを生じている。

火成岩は、一般に等方的性質を持ち強度が高いので地すべりは少ないといわれるが、このうち火山岩は熱水や噴気によって変質が進み、スメクタイトなどの粘土鉱物が大量に生成され、地すべりを生じやすくなっている。深成岩では地すべりはきわめて少ないが、東北地方の新規の花崗岩や飛騨帯では多く発生している。

変成岩では、片麻岩類は等方的性質が強く、花崗岩と同様に強風化帯を除いて地すべりは少ない。一方、結晶片岩は片理が発達し、異方性が強く、片理面をすべり面としていることが多い。緑色片岩や泥質

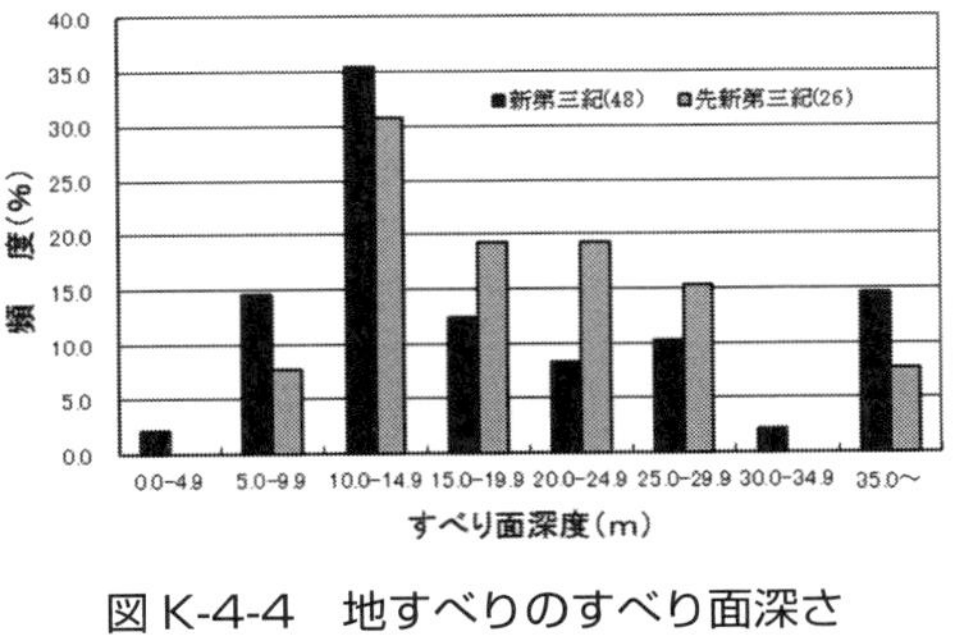

図K-4-4　地すべりのすべり面深さ

（黒色）片岩の場合はこの傾向が特に強い。

深成岩と変成岩では、すべり面の深さは先新第三紀堆積岩とほぼ同じであるが、移動土量は一万立方メートル以下が圧倒的に多い。

日本列島は、ユーラシアプレート、北米プレート、フィリピン海プレートの三重会合点に位置し、地殻変動が著しく、断層や褶曲が発達している。古い時代に形成された断層は、断層活動時に一旦破砕されたものの続成作用を受けて次第に再固結していく。しかし、第四紀特に更新世の後期以降（約三〇万年前以降）に活動した断層はまだ再固結がほとんど進んでなく、また断層の周辺の岩盤も破砕された状態にある。さらに、岩松（一九七四）(20)が述べているように、頚城丘陵や犀川に沿う犀川擾乱帯などの活褶曲付近では特に背斜軸に沿って地層の乱れが著しい。このような岩盤では岩石の種類に関係地すべりを生じている。

また、日本列島の骨格構造をなす黒瀬川構造帯、大船渡構造帯、御荷鉾《ミカブ》（註1）帯、神居古潭帯、舞鶴帯には地下深部からもたらされた蛇紋岩が広く分布し、地すべりが多発している。

四．六．三　地すべり地質分帯区分

これらを総合して筆者は地すべりを表K－4－2に示すように、主区分として地質別に、第四紀層型、新第三紀層型、古期堆積岩型、変成岩型、火成岩型、火山性型の六区分に、また新第三紀層地すべり

（註1）御荷鉾は地名の読みは〝みかぼ〟であるが、地質関係では誤って〝みかぶ〟といっている。

表 K-4-2　地すべり分帯

地質による地すべりの区分			岩相および分布の特徴
主区分		細区分	
第四紀層地すべり		浅海性堆積岩型	更新世（鮮新世上部を含む）の堆積層を母岩とするもの：魚沼層、鮪川層など。新第三系を覆っている堆積層で、一般に細～中粒砂岩と砂泥細互層・シルト岩・凝灰岩時に亜炭層を挟在し岩相変化がいちじるしい。
新第三紀層地すべり	非グリーンタフ	互層型（おもに中新統の上部層～鮮新統）	泥岩・砂岩・礫岩・凝灰岩などの細かい互層が卓越したもの：上総層群や東海層群、瀬戸内の備北層群など、古第三紀の神戸層群を含む。時に亜炭層を挟在する。堆積盆の周辺あるいは鮮新統に多い。
	非グリーンタフ	挟炭第三系型	北九州・北海道・常磐など炭田地域の地すべり。北松型地すべり、山形県の平根地すべり、豊牧地すべり等グリーンタフ地域のキャップロック型も含む。
	非グリーンタフ	変朽安山岩型	プロピライト化した第三紀の安山岩～玄武岩質の熔岩および火砕岩を母岩とするもの：亀の瀬地すべり・大分県の津江山地の地すべりなど。
	グリーンタフ	第三紀火山岩型	主に道南山地や越後山脈などのグリーンタフ地域の変質した安山岩中に見られる。
	グリーンタフ	黒色泥岩型 硬質頁岩型	黒色～暗灰色の泥岩を主とするもの：寺泊層～椎谷層（新潟地方）・船川層（秋田地方）など。凝灰岩・凝灰質砂岩などの薄層を挟在する。 硬質頁岩を主とするもの：七谷層（新潟地方）・女川層（秋田地方）・草薙層（山形地方）など。灰白色～暗灰色の硬質～珪質頁岩からなり、層理がよく発達し、凝灰岩の薄層を挟在する。
	グリーンタフ	砂泥互層型～凝灰岩型	北海道渡島半島から東北・北陸・近畿・中国地方の日本海側に広く分布する"グリーンタフ"地域の砂岩と泥岩の互層・泥岩と凝灰岩の互層あるいは凝灰岩を主とするもの：胡桃地すべり、滝坂地すべりなど。
古期堆積岩（古第三紀、中生代、古生代）地すべり		挟炭型	北海道釧路・夕張炭田や久慈周辺の炭田地域の地すべり。北部九州の炭田地域の地すべり（北松型）の一部もこれに近い。
		互層型	古第三系や和泉層群（白亜紀の砂岩頁岩互層）など古期堆積岩の主に層理面からすべるもの：徳島県吉野川左岸山地の地すべりなど。
		メランジ型	四万十帯や秩父帯の非変成・弱変成のタービダイト・メランジを母岩とし、くさび～円弧ですべるものが多い：滝ノ沢地すべり（埼玉）・長者地すべり（高知）・口坂本地すべり（静岡）など。
変成岩地すべり		黒色千枚岩型～互層型	片理が発達した黒色片岩や黒色片岩・緑色片岩・砂質片岩などの互層を主としたもの：三波川帯や三郡変成帯などに多い。
		緑色片岩型（御荷鉾緑色岩を含む）	緑色片岩、御荷鉾緑色岩類を主としたもの：三波川帯とその南の御荷鉾帯に多い。
火成岩地すべり		蛇紋岩型	蛇紋岩（緑色岩）類をおもな母岩とする地すべり：北海道中軸および四国から九州にかけての黒瀬川帯に多い。
		花崗岩型（片麻岩を含む）	中～粗状の花崗閃緑岩の花崗岩地域に存在。山形県などの新規花崗岩分布域に多い。
火山性地すべり		火山砕屑物（シラス・ローム）型（熔岩を含む）	非熔結軽石流および二次堆積シラスやローム層におこるもの、熔岩を伴うものがある：南九州のシラス地域．や山形県弓張平など。
		変質帯型	噴気変質帯で発生するもの：噴気作用によって変質が進み、スメクタイトなどの粘土鉱物が形成されている。鳶くずれ、稗田くずれなど大きな崩壊性地すべり、箱根の早雲山・大涌谷・別府の明礬のような地すべり。
活構造地すべり		第四紀断層型	第四紀断層の活動や第四紀断層に沿って上記地質の破砕岩に生じたもの：中央構造線沿いや嶺岡－葉山破砕帯などに多く見られる。

区分線は地すべり地の地質（帯）区分の明確さによって変えている

を非グリーンタフとグリーンタフに分けて七区分に、さらに地質時代や岩種とは関係なく破砕された岩盤として活構造地すべりを加え、計八区分とした。またそれらを細区分し、一七区分とした。なお、表中非グリータフとグリーンタフとの境界は太平洋側の火成活動地域をグリーンタフ地域に含めることもあり、また変成岩地すべりと火成岩地すべりとの境界も緑色岩の蛇紋岩化作用を受けた岩石と地下深部からもたらされた蛇紋岩とがあり、境界区分を曖昧として点線とした。

参考文献

（1）斎藤秀樹、福井謙三、斎藤和春（二〇〇一）：岩盤すべりを対象とした屈折法弾性波トモグラフィ解析（その一）、平成十三年度シンポジウム予稿集、日本応用地質学会

（2）物理探査評価研究小委員会岩盤すべりワーキンググループ（二〇〇四）：屈折法地震探査既往データへのトモグラフィ的解析法的適用の有用性と課題―岩盤ゆるみ斜面の事例―、応用地質45巻5号

（3）日本応用地質学会編（二〇〇〇）：山地の地形工学

（4）Tダム建設事務所（一九八九）：Tダム地質調査報告書

（5）鈴木隆介（一九九七）：建設技術者のための地形図読図入門、古今書院

（6）木次町（二〇〇五）：新修木次町史、新修木次町史編纂委員会

（7）American Geoscience Institute: Glossary of Geology
（8）David J. Varnes (1978) : Slope Movement Types and Processes, Transportation Research Board Special Report 176, National Academy Science
（9）Hachinson J. N. (1988) : Morphological and geotechnical parameters of landslides in relation to geology and hydrology, General Report In Landslides, Proc. 5th. Int. Symp. on Landslides
（10）David M. Cruden & David J. Varns(1996): Landslide Types and Processes, Transportation Research Board Special Report247, National Academy Science
（11）地すべりに関する地形地質用語委員会編（二〇〇四）：地すべり—地形地質的認識と用語、（社）日本地すべり学会
（12）千木良雅弘（二〇一三）：深層崩壊、近未来社
（13）中村慶三郎（一九三四）：山崩、岩波書店
（14）今村遼平（二〇一二）：地形工学入門、鹿島出版会
（15）小出　博（一九五五）：日本の地辷り—その予知と対策—、東洋経済新聞社
（16）黒田和夫（一九六六）：地すべりと地質構造との因果関係について、地学雑誌、75, pp.123-135.
（17）安藤　武（一九七四）：地すべりの分類と地質特性について、地すべり、Vol.11, No.1, pp. 42-74
（18）黒田和夫、大八木則夫、吉松弘行（一九八二）：地すべり現象からみた日本の地質地帯区分、

地すべり、Vol.18, No.4, pp.17－29.
（19）建設省河川局監修（一九九五）：貯水池周辺の地すべり調査と対策、山海堂
（20）岩松　暉、服部昌樹、西田彰一（一九七四）：地すべりと岩石の力学的性質―新潟県山中背斜を例として―、地すべり、Vol.11, No.1, pp.9－21.

桑原　啓三

技術士
（応用理学部門　地質）
日本応用地質学会名誉会員

著者略歴

一九四〇年　佐賀県に生まれる
一九六三年　広島大学理学部地学科卒業
　　　　　建設省入省　中国地方建設局配属
一九八六年　同省土木研究所地質化学部長
一九八八年　同　地質官
一九九〇年　建設省退官
　　　　　（財）国土開発技術研究センター　技術参与
一九九四年　アイドールエンジニヤリング（株）専務取締役
二〇〇三年　復建調査設計（株）技術顧問
二〇〇六年　復建調査設計（株）退社
二〇一五年　（株）建設環境研究所　技術顧問

非常勤講師

東京農工大学農学部（一九九三～二〇〇二）
東京都立大学工学部（一九九八～二〇〇四）

主要著書

土木学会『ダムの地質調査』土木学会（共著）一九八六
福岡正巳、桑原啓三他『のり面工の施工ノウハウ』近代図書　一九八八
桑原啓三、上野将司、向山栄『空の旅の自然学』古今書院　二〇〇一
桑原啓三『地盤災害から身を守る―安全のための知識―』古今書院
　二〇〇八　など多数

地質職人目線のトピックス

若佐　秀雄

【目次】

地質職人目線のトピックス

若佐　秀雄

第一節　注目を浴びた鉱物

はじめに

私たちは日常生活の中で「鉱物」というものを意識することは、ほとんどありません。このため、鉱物という言葉そのものを使う機会もないといっても良いでしょう。とはいうものの、私たちは日常の色々な場面で意識しないままに、鉱物の恩恵を受けていることを忘れてはなりません。鉱物は身近な存在で私達の生活には無くてはならないものなのです。言わば空気のようなものでしょうか。ところが、普段は意識の外にある鉱物でも、世間で大きな注目を集め、意識せざるを得ない鉱物が突如として現れました。ここでは、見過ごされがちな数多くの鉱物の中で最近特に注目され、話題になった鉱物についてお話をしたいと思います。

一・一　鉱物とは

その前に鉱物とは何かを少し勉強しておきましょう。専門的な鉱物学や岩石学の難しい話はさて置いて、鉱物とは何かを平たく言えばこうです。

『鉱物とは、自然界に産する無生物で、一定の化学組成を持ち、それ以上小さい単位に分解できないもの』

と言うことができます。鉱物とは、生物ではない天然の均一な物質と言い換えても良いでしょう。あくまでも天然のものですから、プラスチックのような人工的な合成物は含まれません。そうと分かれば注意して周りを見回すと、私たちの身の回りには、貴重な鉱物やごくありふれた鉱物など、多くの鉱物が存在していることに気付きます。例えば、金やダイヤモンドのような貴金属や宝石類のような高価な鉱物を思いつくでしょう。身近なところでは、コンクリートや鉄鋼製品は複数の鉱物を原料としたその加工品であり、百円玉などの硬貨も同様の鉱物加工品です。また、スケールを大きく言えば人類の活動基盤である地球そのものが鉱物のかたまりですし、海岸の砂粒や岩のかけらに含まれるごく普通の鉱物、核燃料となるウラン鉱など特殊な鉱物もあります。このほか、最近ではレアメタルと称する希少な鉱物まで、私達は実に多くの鉱物やその加工品に囲まれて生活しています。このように改めて見直せば、私達の日常は鉱物と切り離して考えることができないことに気付きます。しかし、はじめに述べたように日常生活で鉱物を意識することは、まずほとんどないのです。

普段は気にも留めないものでも、それが鉱物であれ何であれ、私たちの日常生活に重大に関わり、なおかつ直接影響してくるとなれば、誰しも注目することとなり、当然マスコミを賑わすこととなります。この鉱物も数年前の一時期には新聞やテレビなどに大きく取り上げられ、世間の話題になりました。

その注目を浴びた鉱物、それは『アスベスト』という鉱物です。ありふれた鉱物で珍しいものではありません。以前は特に問題とされていなかったアスベストが、実は健康被害を引き起こす有害物質だと判明して大きな社会問題となったのです。

一・二　アスベスト

この鉱物は、和名では『石綿』とも呼ばれるごく普通に自然に産する鉱物です。日本全国各地で産出されます。また石綿と呼ばれるように一見すると綿のような印象の物質で、その性質は、耐熱性、耐磨耗性、耐薬品性、絶縁性に優れた特性を持っています。このため、産業界では、耐火建材やブレーキパッドなどを始めとし、多くの用途で大変使い勝手がよい便利で安価な材料のひとつとしてとても重宝していました。

少し専門的に言いますと、アスベストは、蛇紋岩や角閃岩などと呼ばれる超塩基性火成岩に含まれる鉱物で、針状～繊維状の結晶体で産出されます。その成分の微妙な違いから次の六種類の鉱物に分類されます。舌を噛みそうなカタカナ名なので読み飛ばしてもかまいませんが、これらを総称してアスベストと呼んでいます。カタカナ名の下の（　）内は和名です。

＊クリソタイル（白石綿）
＊クロシドライト（青石綿）
＊アモサイト（茶石綿）
＊アンソフィライト（直閃石綿）
＊トレモライト（透角閃石綿）
＊アクチノライト（陽起石綿）

これらの中で代表的なクリソタイル（白石綿）は、化学組成が $Mg_6Si_4O_{10}(OH)_8$ で、ケイ酸塩鉱物と呼ばれる地球上に広く分布する一般的な鉱物の仲間です。その産状はやわらかく白い繊維のようで、直径が二百～三百オングストロームの極めて細い中空のパイプ状の結晶構造を持っています。綿糸と同じように織物を作ることもできます。その他のクロシドライト以下のアスベストも同じケイ酸塩鉱物ですが、構成成分である鉄やナトリウム、カルシウム、マグネシウムなどの含有量が微妙に変化することで別名の鉱物になります。これらのアスベストと総称されるグループは、それぞれの色や産状が多少異なる程度であり、鉱物としての基本的性質はどれもほぼ同じです。

アスベストは、以前は身近なものとして日常的に接していた鉱物でした。例えば、ある程度年配の方なら記憶にあると思いますが、小中学校の理科の実験の際に、アルコールランプを使って金網に乗せたビーカーを熱した記憶があるかと思います。その金網の真ん中に丸くて白い燃えない綿布のようなものが付いていたのを覚えてはいませんか。これがアスベストです。

ところで話がそれますが、聞くところによれば最近の小中学校の理科の実験では、安全上の理由でこのアスベストの金網は使用されていないそうです。これは後述するように当然の措置だと思います。また同時に、実験の際の熱源としてアルコールランプも使用されなくなっているとも聞きました。その理由は、マッチを使えない子供がいるからとか、アルコールランプを倒すと火事になり危ないからだそうです。これらは分からない訳ではありませんが、驚きました。少し甘やかし過ぎだと思います。ひと昔前の世代感覚からするとマッチが使えないとは、ゆとり教育だか何だか知りませんが、まったく隔世の感があります。こうなればやがては童話「マッチ売りの少女」の物語を子供たちが理解できなくなる日が来るかもしれません。時代の移り変わりでこれは仕方のないことなのでしょうか。いや、私の気持ちとしては何かどこかが違うような気がします。

理科の実験の際にアルコールランプ位は子供達に実際に使用させて、マッチや火の取り扱いを体験させる機会を設けるべきだと思います。実際の生火の怖さを体験するよい機会です。それほど危険ではないはずです。実験の際に安全上の配慮をするのが、教師であり大人の役目だからです。考えてみると、ただ危険であるとの理由で、現在の教育が大事なことを避けて通ることが日常化しているような気がしてなりません。このようなことが積み重なって、ひいては自然科学を遠ざけて理科離れを助長しているのではないかと勘ぐりたくなります。これがさらに突き進んだ結果、気が付けば全国的に近年の大学の教育研究の場で、基礎学問としての地質学あるいは地球科学が、講座改組で消滅し、置き去りにされようとしていることに繋がっているのかもしれません。地質学を学んできた身にとって、これは大変残念なことです。この基礎学問を軽視する現実は、将来に禍根を残すに違いありません。

話が大きくそれてしまいました。元のアスベストに戻しましょう。

燃えない、綿状で保温に優れる、薬品に強く電気を通さない、などのアスベストの特徴的な性質に加えて、比較的安価で入手し易い点から、戦後の高度成長期には、アスベストは断熱材や防火材の建設資材として広く利用されてきました。

例えば、少し前までの自走式の立体駐車場などで、天井の鉄骨に綿のようなモヤモヤしたものが吹付けられていたのを見たことがありませんか？　あれです。このように燃えない性質から、ビルの受電室・機械室・ボイラー室の壁や天井にごく普通に使用され、また船舶の機関室の内装にも用いられるなど、耐火建築用材として広く普及していました。加えて、すり減りに強い性質から、ブレーキパッドやクラッチ板として機械や自動車部品の磨耗防止用の材料として採用されるなど、実に様々な用途に幅広く使われてきました。

アスベストはこれらの分野で、耐火・耐久性・コスト面で他の追随を許さない当時の最先端の材料だったのです。このようにアスベストは安くて丈夫な材料として大変便利に使用されてきたことから「奇跡の鉱物」とか「魔法の鉱物」と呼ばれたことさえありました。一九七〇年代以降には大量に輸入されるほどの産業資材でした。
ところが、この大変重宝がられたアスベストにとって受難の時代が突然訪れたのです。

一・三　健康被害

アスベストが健康上の問題を引き起こす物資のようだと騒がれだしたのは、一九九〇年代後半のことでした。アスベスト繊維が空中に飛散した場合、それを人が肺呼吸で吸入するとやがて約二〇年以上の潜伏期間を経て、中皮腫という重大な病気を引き起こす確率が高いことが疫学的な調査でわかったのです。アスベストは、針状結晶で劣化しないため、微小な結晶体が空気と一緒に肺に吸い込まれた際に肺の組織に刺さってそのまま取り込まれてしまい、やがて中皮腫の原因になるというものです。中皮腫とは、肺や心臓の境界にある胸膜の中皮細胞にできる悪性腫瘍で、肺癌とは異なり自覚症状がないまま進行する怖い病気です。二〇年以上という長期の潜伏期間を経て突然発病することから、アスベストは別名「静かな時限爆弾」とも呼ばれるようになりました。その有害性から日本では二〇〇四年十月に使用が禁止されました。一部の用途に限っては経過処置として二〇〇六年まで使用が認められましたが、それ以降は全面禁止されています。ただし、使用制限以前の二〇〇四年以前に建築された建物には、アスベストを含んだ建材が使われているという問題が残っている点に注意しなければなりません。有害とされるアスベストが既設の建物に建材として使用されたままになっており、この建物が老朽化や地震災害などで倒壊した場合は、アスベストが飛散して被曝する危険が依然として残っているのです。

欧米諸国では以前からこの健康被害を問題としてＷＨＯ世界保健機構で取り上げられ、日本でも報道されて大騒ぎになりました。アスベスト工場従事者に、多くの中皮腫患者が出たとの新聞記事をご記憶の方も多いと思います。

大阪府南部の泉南地域は一九〇〇年代初め頃から石綿の紡織業が始まり、石綿加工品の断熱材などの国内最大級の生産地となりました。二〇〇箇所を超える石綿工場に二〇〇〇人以上の労働者が従事していたとされていますが、二〇〇四年のアスベスト全面禁止以降は、泉南地域の石綿工場は廃業せざるを得ない状況となりました。当時の労働環境は、工場内の換気や防塵マスクなどの対策が不十分で、のちに肺の疾患を訴える工場労働者が相次いでいました。工場従事者の健康被害を救済しようにも、元の工場が廃業しているため救済の手立てがありません。そこで二〇〇六年に約九〇人の原告団が国に賠償を求めて提訴しました。この裁判は、その後約八年間の審理を経て二〇一四年十月の最高裁判決で「石綿粉塵を取り除く排気装置の設置の義務づけが遅れた」として、原告勝訴となりました。その後、二〇一四年十二月には国家賠償することで和解が成立しています。

国土交通省が二〇〇九年九月に公表した資料によれば、民間建築物のアスベスト使用実態調査の結果、昭和三一年から平成元年までに施工された一〇〇〇平方メートル以上の建築物のうち、吹付けアスベストがある建築物は当時で全国にまだ一万六〇一二棟あるとされています。その時点で安全対策が行われている建築物は九五二三棟に留まり、四〇パーセント以上の建築物が未対策です。調査対象ではない一〇〇〇平方メートル未満の建築物の実態は不明ですが、同じ比率で未対策とすると全国的には相当数のアスベスト建材が使用された建築物が存在することになります。現在もなお、建築物の所有者によって、アスベストの封じ込めや飛散防止対策が進められていますが、まだ対策を施していない建物が大地震に遭遇して倒壊した場合は、アスベスト建材が破壊して空中に粉塵が放出され、多くの人がアスベスト曝露となるケースが想定されます。地震は何時起こるかわかりませんので、対策が急がれるところです。

一．四　技術革新

技術革新の面から見ると、産業材料としてのアスベストの使用はとても大きな問題を含んでいます。当時の技術レベルでは人工的に得ることができない耐熱性、耐磨耗性、耐薬品性、絶縁性などの優れた性質を併せ持つ材料で、しかも安く大量に手に入る天然材料は、他に見あたりません。このため大いに活用されてきた材料が、一夜明けて有害物質のレッテルを貼られたとは、まさに晴天の霹靂です。まるで人気絶頂の大スターが覚醒剤中毒でいきなり逮捕されたような印象です。ただ、自分の麻薬中毒を隠していた大スターとは違い、アスベスト本人は有害性を隠していた訳ではありません。もの言わぬアスベストに責任があるとは思いません。また、その有害性を見抜けなかった産業界や当時の学者や技術者達に責任があるかと言えば、これもまた酷な話です。多くの人達が健康被害を訴えることになったにも関わらず、その時代の学者や技術者達は逆に「奇跡の鉱物」とか「魔法の鉱物」として賞賛するばかりで、有害性を疑うとか危険性を見抜くという科学技術レベルと、いっぽうでリスクを疑う社会的な背景がなかった点は、当時としては仕方がないことかもしれません。もちろん当時の科学的知見や技術レベルでは、この有害性を見抜くことは到底望むべくもないことだったでしょうが、技術革新が社会に貢献を果たすと信じている私を始め多くの研究者や技術者には、これはとても重い問題と言えるでしょう。

いま私達の日常生活には、実に多くの様々な科学技術の成果が入り込んでいます。人々の欲求に加えてさらに社会としての欲求が、次々に「利便」と「安全」と「安心」を求めて続けた結果、これらが科学技術の進歩を後押ししてきた歴史があります。特に、地球温暖化ガス増加の契機となった一八世紀後半の産業革命以降、科学技術の進歩の流れは加速度的に拡大するいっぽうで今日に至っています。現在までの科学技術の成果のひとつを思いつくままに列挙すれば、

＊人の行動範囲を格段に拡げた新幹線や飛行機などの高速交通手段の存在。
＊逆にこの交通手段がエボラ出血熱などの感染症を世界的に助長する矛盾。
＊音楽媒体がレコード盤からＣＤを経てＩＣチップとなる構造的変化の歴史。
＊インターネット世界の情報洪水と仮想空間の膨張。
＊地球の裏側のオリンピック競技をライブで観戦する容易性。

＊遺伝子組工学の成果として作り出したコピー生物の出現。

などなどなど——キリがありません。これらはどれも科学技術の成果の一端です。産業革命以前には夢物語の世界であり想像さえできないことが実現しているのです。月面に人類が降り立つことや宇宙ステーションの実現を誰が想像したでしょう。はやぶさプロジェクトで小惑星から鉱物を持ち帰るなどの快挙は、もっとずっと先のことだと思っていました。

このような現代社会の舞台背景の中で、科学技術のひとつの成果として提供されたアスベストは、その有害性の発現が二〇年以上の潜伏期間を要するという隠れ蓑のために、大変上手な役者然としてある時は助演男優賞にノミネートされる程の存在感を持ちながら、近代の科学技術の進歩を先導する役割を負ってきました。それが突然、有害性が白日の下となり活躍の舞台から追放される身に変わったのです。大暗転です。

このようなドンデン返しは、アスベストばかりではなく未知の科学技術の成果にも、ひょっとすると第二のアスベストのようなものが出てくるかもしれないと云う示唆かもしれません。科学技術が提供してきた成果は、本当に人類の生存に有効で前向きな成果を提供してきたと言えるのか、それが本当にこれからも「利便」と「安全」と「安心」を提供し続けていけるのか、実際のところ私には良く分かりません。中には有害なものや有害なシステムが、私たちが意図しないまま、これから生まれてくるかもしれないからです。

一・五　最適解

ひとりの地質技術者の気持ちとして専門的な立場から、技術にもしも不具合があるなら改良を重ねて、社会に広く「利便」と「安全」と「安心」を提供していきたいと願っています。ただ、あまりにも現代社会が複雑化しているため、改良を重ねてみても専門分化した技術では総合的に俯瞰する視点に欠ける面があります。これは技術の専門性の深化のためやむを得ないことかもしれません。ですが、またこれが複雑化をさらに助長する悪循環を生んでいることも知らなければなりません。

このようになお一層複雑化した社会模様の中で、いっぽうでは心の病気を持つ人が増加している事実を見逃すこともできません。科学技術の発達が複雑化した社会を生み、さらに複雑化した社会が次の新技術を要求するという無限連鎖が、巡り巡って本来の方向とは違う作用で人々の心を混乱させる病を植え付け、人々に不幸をもたらしているかもしれないのです。もしそうであるなら、それはとても皮肉なことです。科学技術ばかりではなく社会経済システムそのものが複雑化して、これが心の病気を持つ人を増加させる原因のひとつに挙げられるとすれば、私たちは間違った無益な新技術開発の周回軌道をただ周っているだけかもしれません。

少し前までは世の人々は、アスベストによる中皮腫の問題など思ってもみませんでした。科学技術の進歩で生活環境が便利になっても健康被害が増加するのであるなら、それは一体何のための科学技術なのか、間違った方向からどのように針路変更しなければならないのか、アスベストの問題を考えると現時点の切り口で私達が提供する専門技術が、果たして明日も有用技術であり得るのか、さらに社会が本当に必要としている技術とは何だろうかと色々と考えてしまいます。

専門的な地質技術で社会に貢献したいとの想いをどのようにすれば果たせるかは、見当がつかない程の難問です。キリンにマフラーを売りつける以上に難しい問題かもしれません。けれども、ひとりの地質屋かつ技術屋の端くれとして、これからも最適解を探し続けていかなければならないと痛切に感じています。

一・六　火鼠《ひねずみ》の裘《かわごろも》

さて、少し重い話になったところで、気分を変えてアスベストに関するおまけの話を、デザート代わりにひとつお届けしましょう。

日本昔話「竹取物語」かぐや姫のお話です。かぐや姫が年頃の美しい娘に成長した時、その噂を聞きつけて言い寄ってきた五人の公家がいました。それは石作皇子、車持皇子、右大臣阿倍御主人《あべのみうし》、大納言大伴御行、中納言石上麻呂の五人で、いずれも高い身分の裕福な貴公子ばかりです。かぐや姫は、やがて月の世界に帰っていく身で、地上世界の人間に嫁ぐ訳にはいかないため、この五人の求婚を断り続けていました。しかし、育ての親である翁の強い薦めもあってこれらを断り続けることも適わず、

苦肉の策として、

「世にも珍しい宝物を手に入れることができた方にお仕えいたしましょう」

と告げました。五人の公家それぞれに対し、到底できるはずのない難問を課して翁の顔を立てながら事実上の断りとしたのです。

石作皇子には「仏の御石の鉢」、車持皇子には「蓬萊の玉の枝」、右大臣阿倍御主人には「火鼠の裘《かわごろも》」、大納言大伴御行には「龍の首の珠」、中納言石上麻呂には「燕の産んだ子安貝」と世界の珍品をそれぞれ探し出してという課題です。どの宝物も夢物語に登場する品で、到底手に入れることができないような珍品です。五人の公家たちは、この課題を聞くや否や我先に世界中に宝物を探しに飛び出しました。願いがかなったのも同然と早くも有頂天の思いです。

まず石作皇子は、近くの古寺にあった只の古鉢をそれと偽って持っていくも、簡単に嘘がばれて失敗。二人目の車持皇子は、自分の姿をしばらく隠して宝物を探しに行ったと偽り、その間に職人に玉の枝の偽物を作らせて、うまく行ったように見せかけましたが、職人に支払う報酬トラブルで贋作が露見してこれも失敗。三人目の阿倍御主人は天竺の商人から火鼠の皮衣と称するまがい物を高額で買ったものの、かぐや姫がこれを実際に焼いてみると燃えてしまいこれまた失敗。四人目の大伴御行は、龍の首の珠を目指して南海に船出するも、嵐に遭遇し難破、更に重病にかかったため、捜索を断念。最後の石上麻呂は、宮中の炊事をまかなう建物の屋根にツバメの巣と子安貝らしきものを発見したと思い登っていったものの屋根から転落して大怪我を負い、得たのはただの燕の古い糞だけでこれも失敗。結果として五人の公家の誰もが不成功に終わったというお話です。

ここで、アスベストの観点から、公家のひとりである三人目の右大臣阿倍御主人に与えられた課題に注目です。燃えない布「火鼠の裘《かわごろも》」がこの物語に登場した背景を想像しました。この宝物「火鼠の裘」というのは、実は綿状のアスベスト繊維でできた実在した布ではないかと想像が働きます。火にかざしても燃えない「火鼠の裘」は単におとぎ噺の世界のことですが、物語にこれが登場するのは、その当時には耐熱性のアスベストの存在が既に知られていたのではないかとの想像です。

実は古くからの先達の知恵で、アスベストが既に人々の生活に取り入れられていたのかもしれません。日本全国のどこでも容易に手に入る天然の綿状物質なので、これはありえない事ではないでしょう。かぐや姫伝説『竹取物語』の不詳の原作者が、アスベスト繊維の存在を当時から知っていたと考えることもできそうですし、またはその後の物語の言い伝えの人達が、このアスベスト繊維で作られた布のモデルがあることを承知していて、これをネタにして話の展開に取り込んだのではないかと想像が働きます。

けれども、かぐや姫もその当時の人々もみな誰もが、アスベストが中皮腫という病気の原因物質で、しかも千年以上の時を経た時代に使用禁止になるほどの恐ろしい有害物質であるとは夢にも思わなかったことでしょう。

これから

今まで気にも留めなかった鉱物が、実は有害物質としてこれ程までに私達の日常に入り込んでいたことは驚きです。アスベストの有害性がよく分からないまま、その有用な材料特性からこれまでに人類が受けてきた恩恵は、決して小さなものではなかったでしょう。その有害性に人類が気付かなければ、アスベストはまだこれからも便利に使い続けられた産業材料であったと思います。しかし、人類は気付きました。数千年の時間を要しましたが現代医学がその有害性を見出しました。このように、ひとつの科学技術の進歩が、未だ経験したことがない次の新たなステージに人類を導いていくのです。

アスベスト問題は、アスベスト建材を使用した建築物が未だに現存する以上、完全に解決してはいません。このように科学技術の進歩が人々の生活を快適に便利にする反面、新たなリスクを生み出すことを私たちは肝に銘じなければなりません。福島第一原発事故はその一例であり、また大型旅客機の墜落事故や、ひところ韓国で騒ぎになった感染症マーズ禍や、二〇一五年末のブラジルのジカ熱騒ぎも然りでしょう。科学技術の進歩の故に発生する新たな脅威があることを忘れてはなりません。

科学技術の進歩に端を発した多くのリスクの中で、これから最も重要とされる問題のひとつに地球温暖化ガス問題があげられるでしょう。この問題は、種の保存を脅かすレベルで私たちホモサピエンス種に投げかけられている大きな問題であると思います。この問題は、人類が快適に生存するための地球環境や周辺生態系に多大な影響を及ぼす問題であり、この問題対処のためには当然のことながら全地球規模であたる必要があるからです。ところが、この温暖化問題への対処のため全地球規模で行動しようとする時に、前に立ちはだかる大きな障害があります。脱温暖化ガスへの今後の科学技術の進歩もそうですが、その前に、民族や体制や地域間のあらゆる紛争を解決しておく必要があることを忘れてはなりません。地球温暖化ガス問題対処は、国境や人種や宗教を超越しなければ対応できない問題なのです。とは言え昨今の国際情勢を見る限り、むしろこちらの方が科学技術の進歩よりも難しい問題のような気がします。

また当面の問題は、人類による自然に逆らう行為が、結果的に自然災害を誘発している現状でしょう。近年、世界中で多発する洪水、斜面崩壊や土砂災害などの各種自然災害は、人類が力ずくで自然破壊を行ってきたツケが回ってきているのだと思います。ひとりの地質屋かつ技術屋の端くれとして、これらの問題に微力ながら当たってきたものの、到底力及ばずの感で忸怩たる思いがあります。

次世代に生きる子や孫達のために、安全で安心な地球環境を残していくことが、私たち親世代の責務であることを忘れてはなりません。アスベストに生じた一連の顛末は、「忘れるな！」との自然からのメッセージかもしれません。

参考文献

（1）国土交通省報道発表資料（二〇〇九）：建築物防災週間において行った各種調査結果の公表について、民間建築物における吹付けアスベストに関する調査結果（二〇〇九・六・二六）

（2）奥津春雄（二〇〇〇）：竹取物語の研究—達成と変容—、翰林書房、PP. 308～332.

第二節　ディープインパクト

はじめに

「ディープインパクト」と聞いて、あなたは何を思い浮かべますか？

競走馬「ディープインパクト」を真っ先に想い浮かべた人、あなたは競馬通です。二〇〇五年に無敗で牡馬クラシック三冠を達成し、当時はサラブレッド最強とも称された名馬です。また、ハリウッド映画で一九九八年にスピルバーグが製作総指揮、ミミ・レダーが監督したSF映画「ディープインパクト」を思い浮かべた人もいるでしょう。巨大彗星が地球に衝突するという地球最後の日に向けて巻き起こる様々な人間模様を描いたSFパニック大作を思い浮べた人、あなたは映画通です。もうひとつ、この映画の公開から七年後の二〇〇五年一月十二日に、アメリカ航空宇宙局NASAが打ち上げた彗星探査機も「ディープインパクト」と名付けられましたが、まずこれを思い浮かべた人は、かなりのその方面のマニアであるとお見受けします。この彗星探査機の名称は、そのミッションと打ち上げ時期から見ると、多分このSF映画ヒット作にちなんで命名されたのではないかと私は勝手に想像していいます。

ここでは、地質学的な目線から大変興味を惹かれる彗星衝突について、ハリウッド映画「ディープインパクト」に沿って少し視点を変えた話題をお届けしたいと思います。

この映画はいわゆるSFものと呼ばれる空想科学映画で、あくまでも想像の世界をモチーフとしていますが、地質学的に見てこの映画のようなことが「どうも実際にあったことらしい」と考えざるを得ないことになりました。はるか遠い昔の恐竜が栄えていた時代、地質時代で云う中生代の末期に、宇宙をさまよう巨大彗星が地球に衝突したらしいのです。空想科学映画の筋書を地で行くような話が、巨大彗星が地球に衝突命中した大事件「ディープインパクト」が、実は本当にあったようだと確かめられたのです。それは、SFではなく現実世界の出来事だったのです。

二・一　新聞記事

少し前のこと、二〇一〇年三月五日付の朝日新聞の朝刊一面に、大変興味深い記事が載っていました。その記事は「恐竜絶滅原因やはり小惑星」の見出しで、今から六五五〇万年前に地球に小惑星が衝突してその時代の地球環境に大異変が生じ、このために恐竜が絶滅したことが確かめられたと報じていました。恐竜の絶滅原因に関しては、これまでに諸説唱えられており未だ決着している訳ではありません。ノーベル物理学賞のルイス・アルバレス氏らが一九八〇年に提唱したひとつの仮説が、直接の絶滅原因は飛来天体の地球への衝突とする説ですが、これが三〇年の時を経て裏付けが取れたことになりました。恐竜の絶滅原因に関する論争がひとまず決着したことになります。地質時代で云う中生代と新生代の変わり目に、天体衝突と云う大事件が発生しました。文字通りの天変地異が起こったのです。

記事の内容を要約しますとこうです。

「世界一二ヶ国（日本も含む）四一名の国際研究チームで、地質学、古生物学、地球物理学の研究者が様々な論文を精査した。その結果は『世界約三五〇地点の白亜紀と古第三紀（〜二三〇〇万年前）の境目にあたる地層に、小惑星がもたらしたとみられる希少な金属イリジウムや衝突で変質した石英が含まれ、ユカタン半島から遠くなるほどその地層が薄くなっていること、生物の大量絶滅と時期が一致すること、などが確認できた』とのことだった」

この記事にはさらに、この小惑星はメキシコのユカタン半島北端近くに衝突したこと、衝突跡が推定直径約一八〇キロメートルのチチュルブ・クレーターであること、直径一五キロメートルほどの小惑星が毎秒二〇キロメートルの速さで衝突したことが詳しく述べられており、その衝突時のエネルギーは広島型原爆の一〇億倍に相当しマグニチュード一一以上の地震と高さ三〇〇メートルの津波が生じたであろうことも述べられています。

二・二　超巨大地震と巨大津波

いや！　何とも凄まじいものです。広島型原爆が一〇億個同時に爆発するエネルギーが一挙に放出されるのですから。今この時代に同じことが起きた場合どの程度の惨状を招くのか想像もできません。あえて描くなら、まず衝突地点から半径数百キロメートルの範囲が、瞬時に消滅してしまうでしょう。同時に、人類が未だ経験したことがない超巨大地震が発生します。この地震は、二〇一一年三月十一日に発生した東北地方太平洋沖地震の九〇〇倍以上のエネルギー規模を有し、人類が構築した建造物はすべて破壊され、続いて高さ三〇〇メートルの途方もない巨大津波が地球の裏側にまで到達し、都市に向かって数百メートルの波高の津波が幾重にも襲来することでしょう。

世界中の海岸沿いの大都市はもちろん、標高三〇〇メートル未満の都市は超巨大地震と巨大津波でことごとく壊滅状態になりそうです。内陸高地に位置する都市は場所によっては津波の直接被害を回避するかもしれませんが、震度六強どころか、震度八とか震度一〇の超巨大地震から逃げることはできません。建築構造物はもちろん、道路や橋梁やダムなどの土木構造物もことごとく破壊されてしまうでしょう。同時に、大規模地滑りや斜面崩壊が発生するとともに、河川堤防や干拓堤防も破壊されるため、洪水被害も重複して発生するでしょう。さらに、世界中で稼働中の原子力発電所が、地震と洪水から無事だとはとても思えません。福島第一原発と同じようなトラブルが、世界中で同時に起こるのです。人類の生活環境の壊滅的な被害に加え、全地球規模の放射能汚染が上乗せされるのです。

人類全体が被災者となる訳ですから、互いに救助することもされることもできない状態です。世界経済は瞬時に破綻し、お金や貴金属の意味がない世界が訪れることになります。軍事力や武力は何の意味も持たない無用の長物です。世界中で食料とエネルギー供給が途絶え、情報通信網が断絶し、医薬品の供給がない状態で、そこでは銃や剣は全く役に立ちません。壊滅的な環境被害と放射能汚染によって人類の生存そのものが脅かされ、大半は数週間も持たないかもしれません。これを何とか生き延びたとしても、その後に待ち構えるシナリオから逃れることはできません。

そのシナリオとは、食物連鎖の断裂です。衝突で生じた数千億トンの塵が長い期間に渡り大気中に滞留して太陽光を遮るため、世界中の気候が寒冷化することになります。これはさらに、光合成の停止から大部分の植物や植物性プランクトンが死滅する事態を招きます。この事態は、食物連鎖を構成する生態系ピラミッドの底辺が消滅することを意味し、食物連鎖がその根元から途切れてしまうのです。そして、やがては生態系ピラミッドの中の生物が次々に絶滅するシナリオにつながります。生物の栄養供給の道、すなわち下位の生物を補食することができないため、次々と死滅する事態となるのです。もちろん人類は、このピラミッドの頂点に位置する立場なので絶滅は免れません。六五〇〇万年前の中生代末に、それまで約二億年間にわたり生態系ピラミッド頂点に君臨して時代を謳歌した恐竜が、この小惑星衝突の一発で絶滅したのですから、このシナリオは人類にとても大きな警鐘を鳴らしています。

二．三　小惑星と彗星

ここでひとつ注意しておきたいことがあります。紹介した新聞記事は小惑星の衝突を報じていましたが、映画「ディープインパクト」では巨大彗星の衝突と設定されていました。衝突した天体が小惑星か彗星かの違いがあります。小惑星と彗星はまったく別物なのです。このため予備知識として参考までに、小惑星と彗星の違いについて簡単に述べておきましょう。

まず小惑星とは、太陽系が形成される時に地球や金星のようにひとつの惑星にまとまらないで、小惑星帯として無数に存在する小規模な天体の総称で、太陽系の火星と木星の間の周回軌道上に位置しています。その成因は未だよく分かってはいません。小惑星探査機「ハヤブサ」が目指した天体イトカワもそのような小惑星のひとつで、その大きさは長径約五〇〇メートル、平均直径約三〇〇メートルと観測されています。小惑星帯には、イトカワの規模のものから直径が数キロメートル以上のものまで、その総数は数百万個に及ぶと考えられています。現在観測されている小惑星で、直径が一〇〇キロメートルを超えるものは二二〇個で、中でも最大の小惑星は「ケレス」と命名されて、その直径はおよそ一〇〇〇キロメートルと観測されています。この小惑星ケレスを大きさのイメージで表すと、月の直径が三五〇〇キロメートル弱ですから、お月様の中に小惑星ケレスが三個半並んで見える景色になります。最大の小惑星でこの規模ですから、小惑星の大きさのおおよその見当はお分かりいただけると思います。小惑星は、その大部分が火星と木星の間の周回軌道上を公転していますが、一部の小惑星は、その公転軌道が火星や木星の重力の影響によって変えられることがあり、小惑星帯の周回軌道から外れて地球などに接近することがあるとされています。イトカワも小惑星帯から離脱して地球に接近する軌道を持つ小惑星のひとつです。

いっぽう彗星とは、太陽系の外縁部分に存在する太陽系誕生期に惑星に成り得なかった無数の氷や塵や岩石などが、長周期の軌道で太陽を周回しているものを指します。彗星は核と呼ばれる本体と、ほうき星の語源ともなる尾から構成されています。尾は、彗星が太陽に接近すると太陽熱によって本体の核から蒸発した物質が太陽風で反対側に吹き飛ばされたように見えることから命名されたものです。彗星核の標準的な大きさは、一キロメートル～十キロメートル程度で、最大で五〇キロメートルに達するものもあると観測されています。彗星は、太陽系の外縁部から太陽を目指して飛来しますので、太陽を周回する地球に途中で接近することは珍しくはありません。流星群と呼ばれる毎年決まった時期に見られる天体ショーは、過去の大型彗星の通過軌道を地球の周回軌道が横切るときに、彗星の尾の残骸が流れ星となって見られるものです。

このように、小惑星と彗星は生まれた場所が異なり、その成分や大きさも異なるようですが、宇宙空間を漂いながら地球に接近する可能性はどちらも同じように持っていると言えます。衝突する事態となれば、同じような結果になることに変わりはありません。

さて、話を戻しましょう。

二．四　激レアのイベント

地球と小惑星の衝突がどれ位の確率で起こるかについては、諸説あるようです。大雑把な検討として地質学的な側面から覗いてみましょう。

全地球規模で生じた恐竜の絶滅という出来事は、古生代の末に三葉虫が絶滅したことを彷彿とさせます。三葉虫とは、古生代カンブリア紀から二畳紀まで四億年以上も栄えた節足動物です。世界中に広く化石として分布が確認され、カブトガニの先祖とも考えられている生物です。この三葉虫が、約二億五〇〇〇万年前の古生代二畳紀末に大量絶滅して、突然に種が途切れてしまいました。絶滅した原因は未だはっきりとはわかっていません。しかし、古生代二畳紀末を境に、当時の生態環境が全地球規模で激変したことが古生物学的に知られていますので、三葉虫の絶滅もこの騒動に巻き込まれた結果であろうとされています。古生代二畳紀末に生態環境が激変したと考えられている事象をいくつか挙げてみましょう。

＊古生代の膨大な量の石炭層が中生代になると突然消滅した
＊海水準の急激な低下で浅海が干上がり古代サンゴ類がほぼ消滅した
＊光合成を行う生物が極度に減少し海が酸欠状態となり、多くの海中生物が死滅した
＊大気中の炭素同位体比が急変し、炭素を固定する光合成の長期間低下が裏付けられた

＊海棲の三葉虫だけではなく、陸上の多くの生物種も気候異変で絶滅した

などのほか、他の傍証となる事象はまだ色々と報告されています。これらの生態環境の急激な変化と生物の大量絶滅の原因に関しては多くの地質学者が種々の仮設を唱えていますが、未だ明確な答えは見つかっていません。ここで、この生態環境の急激な変化の原因を、恐竜の時と同じ小惑星のディープインパクトが原因だと考えれば、多くのことが符合します。今のところ学界の定説ではないとしても、この考えによると当時の多くの古生物学上の事象が実にうまく説明されるのです。

恐竜と同じ原因であるディープインパクトによって三葉虫が絶滅したとすれば、二畳紀末から六五〇〇万年前のチチュルブ・クレーター衝突までに約二億年弱の時間が経っていることになります。つまり小惑星衝突の確率をおよそ二億年に一度と考えても大きく外れることはなさそうです。二億年間に一度のイベントが、発生確率として大きいかと思うか小さいと思うかは別にしても、この数値はまさに天文学的な数字です。つまり人類の発生から今日までの歴史時間と比べれば、ディープインパクトは滅多なことでは遭遇しない激レアイベントと云えるでしょう。ところが大変な幸運に恵まれたのか、私たち人類はその二億年間に一度の激レアイベントに遭遇しました。天文学の世界ではつい最近とも云える時間スケールの範囲内でディープインパクトが発生し、私たちはこれに遭遇したのです。太陽系の兄弟惑星である木星にそのディープインパクトがありました。巨大彗星が木星に命中したのです。

約二十数年前の一九九四年七月にシューメイカー・レビー第九彗星と呼ばれる天体が、木星に衝突

しました。当時は、新聞やテレビでこのニュースは大きく取り上げられました。私は大きな興奮を持って、放映される天体衝突のライブ画像を見ていました。分裂した複数の彗星核が次々と五日間にわたって木星に衝突しました。直径五キロメートル程の彗星核の衝突で、木星表面に直径が二万キロメートルを超える真黒な塵のような衝突の痕跡が観測され、その写真が大きく報道されました。地球の直径が一万三〇〇〇キロメートル弱ですから、地球がスッポリ入るほどの痕跡が木星表面にできた訳です。これは、人類が初めて観測した大規模な天体衝突のライブで、とても珍しく刺激的なイベントでした。

人類の誕生から今日までの歴史的な時間経過を追うと、類人猿の歴史は数百万年前にスタート、私達人類ホモサピエンスが誕生したのは数十万年前、文明の発祥からは数千年の時間経過、科学技術の発展はルネッサンス以降の数百年間の時間にしか過ぎません。これらの人類の歴史の営みに対して、小惑星衝突が二億年間に一度程度の確率のためか、幸いなことに人類は種の誕生以降に未だにディープインパクトを経験したことがありません。その確率は極めて小さいとは言えゼロではありません。その大変珍しい激レアイベントがたまたま木星で生じ、しかし、私たちはそれに遭遇したのです。人類にとっては奇跡的な出来事に出会ったとしか思えません。

二．五　月面探査機「かぐや」

晴れた夜に満月を静かに眺めていると、月面の濃淡模様が両耳を立てたウサギの形に見えてきます。それは、私たちが幼児期の寝物語のひとつに「お月様にはウサギが住んでいて、そこで餅をついているのだよ」と聞かされて脳裏に刷り込まれてきたせいかもしれません。もっとも、日本では「ウサギ」との見立てでも、諸外国では「カニ」であったり「婦人の横顔」や「ライオン」であったりするようです。月面の同じ模様が他所でそれぞれ違う形を想起させるのは、民族の違いによる感性の微妙な差なのか、または地域の歴史や風土の差なのでしょうか。月面には多くのクレーターと呼ばれる大小の丸い凹凸地形が無数にあり、地球から見える衝突跡が比較的黒っぽいため、その衝突痕の重なった無作為の濃淡模様全体を見て、日本のご先祖様達はウサギの餅つきの形に見立てたのでしょう。

さて、そのお月様のウサギ模様が、どうも巨大隕石の衝突跡らしいと、日本の月探査機「かぐや」の観測データで確認できたとの発表がこのほどありました。月面へのディープインパクトが確認できたのです。国立研究開発法人産業技術総合研究所などの研究チームが、月探査機「かぐや」の観測データ解析から、月の表面に見える黒っぽい色の盆地は月に巨大な天体が衝突して出来たものだとし、これを二〇一三年十月二九日付けの英科学雑誌ネイチャー・ジオサイエンスに発表しました。

探査機「かぐや」が観測した月の表面の画像に黒っぽく見える「雨の海」「南極エイトケン盆地」「プロセラルム盆地」は、いずれも巨大隕石衝突でできた盆地だと云うのです。これらの盆地の成因については、これまで幾つかの仮説が提唱されていたようですが、このように実測データを解析し、隕石の衝突で生じる特殊な鉱物を検出しての仮設の証明は初めてのことだそうです。

巨大な小惑星が三九億年以上前に月に衝突した可能性が高いと見られ、この衝突時に生じたとみられるカルシウム分が低い鉱物「低カルシウム輝石」の月面の分布を調べたところ、その分布が隕石の衝突跡と見られてきた「プロセラルム盆地」に重なっていることが分かったと云うのです。衝突した隕石の大きさは、直径三〇〇キロメートル程度とみられ、衝突痕の広さは月の直径約三五〇〇キロメートルに迫る直径約三〇〇〇キロメートルに及ぶもので、その衝突の際には相当派手な天体ショーが見られたに違いありません。しかし、その頃の地球はまだ誕生して間もない時代で、人類はおろか生命の痕跡さえない時代ですから、この派手な天体ショーの観客は残念ながらゼロでした。もしも悠久のかぐや姫が、この時に月世界の王宮で静かに暮らしていたとしたら、この巨大地震にさぞやびっくりして、ウサギと一緒に飛び上がって驚いたことでしょう。なお、月の世界では地震とは言わずに月震と言うべきかもしれません。余談ですが。

日本の宇宙科学技術者たちは、小惑星探査機「はやぶさ」を生み出しました。七年間の歳月と約六〇億キロメートルの距離を克服して二〇一〇年六月十三日に地球に帰還するという快挙を成し遂げたのです。月面探査衛星「かぐや」のこの観測と産業技術総合研究所の解析結果は、この「はやぶさ」に続く連続ホームランの快挙といえるでしょう。

二・六　衝突確率

ところで、前記の「ディープインパクト」で、地球に小惑星が衝突したことが原因で全世界の恐竜が絶滅したと述べました。この時、地球に小惑星が衝突するイベントの確率は、およそ二億年に一回程度ではないかと想定しました。今回の月探査機「かぐや」の観測結果から巨大天体の衝突が三九億年前と推測されたことは、月面のクレーターの様子とその衝突規模から見ると、ある程度符合していると思います。月面の大小のクレーターの分布から見ると、恐らく数億年に一度程度は小惑星や彗星クラスの衝突があったと考えても不思議はありません。その衝突痕が、無数のクレーターとして現在の月面に残り、その分布がたまたまウサギ模様に見えているのでしょう。

その後この衝突確率について、ひとつの裏付けとなる論文が発表されています。時事通信によれば、九州大と熊本大、海洋研究開発機構の研究チームが二〇一三年九月十六日付の英科学誌ネイチャー・コミュニケーションズに「巨大隕石落下の証拠発見」の論文を発表したとあります。岐阜県の木曽川沿岸と大分県津久見市の湾岸沿いの二箇所に露出するそれぞれ約二億一五〇〇万年前の地層から試料を採取し、これを分析したところ巨大隕石の成分物質が含まれていることが分かったのです。研究チームの談話記事には、

「カナダ・ケベック州には直径約百キロメートルの『マニクアガン・クレーター』があり、年代が一致する。直径三・三～七・八キロメートルの巨大隕石が落下してこのクレーターを作り、地球大気上層まで舞い上がった成分が遠く離れた所に降ったとみられる」

と語られています。さらに、時事通信の記事には、

「当時の地球は大陸が大きくまとまっており、同クレーターは大陸北部、岐阜や大分の地層は赤道近

くの海底にあったと考えられる。研究チームは、巨大隕石の成分が含まれる地層が地球のどこかにあるとみて古い露出地層を探し発見した」

とありました。

この巨大隕石の成分とは白金族元素のオスミウムという元素で、地球の地殻よりも隕石には桁違いに多く含まれる元素だそうです。また、この元素同位体「188」に対する「187」の同位体比が非常に低い特徴を有しており、試料中に含まれるオスミウムは前後の年代の地層に含まれる岩石より含有量が多く、加えて同位体比が低かったことが動かぬ証拠とされたようです。

地球の歴史では、地質時代は大きく区分して始生代、原生代、古生代、中生代、新生代の五区分に分かれます。このうち時代が新しい後半の三時代の境界となるふたつのイベント、即ち古生代末と中生代末の二度のイベントが共に小惑星の衝突であったらしいとは、目から鱗の心地がします。

考えてみれば、確かにありそうなことだと思います。しかも前に推論したように、およそ二億年に一度の確率で起こるイベントのようなのです。とすれば、地球誕生以後約四六億年の歴史の中では、それまでに何度も小惑星衝突に遭遇していたと考える方が自然でしょう。ところが、始生代や原生代のイベントは、地球表面に保存ざれたとしても時間の経過と共に消滅していくため、これを証明することは大変困難を伴うことでしょう。その中で人類のあくなき探究心が、研究者に「巨大隕石の成分が含まれる地層が地球のどこかにあるとみて古い露出地層を探し発見した」と言わしめるように、やがて地質学や地球科学のまったく新しい視点で、困難を伴いつつも始生代や原生代のイベントが解明されていくようになると思います。科学技術の発展がこれらを可能にしていくのです。これは私にとってはとても楽しみなことのひとつです。

地球や月が漂う宇宙空間は、数億年の時間スケールで見ると意外と混雑しているのかもしれません。考えようによっては、次に小惑星が地球や月に衝突するイベントは割と近い将来のことかもしれません。衝突確率が約二億年とすると、前回のイベントが今から約六五〇〇万年前のことですから、計算上は次回までには約一億三五〇〇万年の時間があることになります。まさにSF小説もどきの夢のような話ですが、将来のある時に天体観測で小惑星が地球にディープインパクトすると軌道計算で予測された時、人類は一体どのような行動をとるでしょうか？　その頃には、科学技術の進歩で火星移住とか、飛来してくる小惑星の破壊や軌道変更とか、人類の総力を挙げた対応策を講じているでしょうか？　地球へのディープインパクト対策のため、人類は常に宇宙を見張っておく必要があるのかなと思っていたら、これがありました。

二〇一六年一月十四日のＣＮＮニュースで、米航空宇宙局（ＮＡＳＡ）が、小惑星の接近から地球を守ることを目的とした新部門「惑星防衛調整局（ＰＤＣＯ）」を新設したと報道がありました。その報道記事の要旨を抜粋引用しますとこうです。

『惑星防衛調整局が米首都ワシントンにあるＮＡＳＡ本部に設置された。地球に衝突して災害をもたらす可能性のある大型の小惑星や彗星など、潜在的に危険な天体（ＰＨＯ）の早期発見を目指すという。ＰＨＯは地球軌道の七五〇〇万キロ以内への接近が予想される直径三〇～五〇メートル以上の天体と定義されている。こうした天体を追跡して警報を出すとともに、軌道を変えさせることも試みる。もし間に合わないと判断すれば、米政府と連携して衝突に備えた対応計画を立案するとのことだ。

小惑星や彗星は、約四六億年前に太陽系が形成された初期の残骸で、火星と木星の間の小惑星帯には直径一キロ以上の小惑星が推定一一〇万～一九〇万個、それより小さい小惑星が数百万個も存在する。木星の重力の影響や火星との接近によって軌道が変えられた小惑星は、小惑星帯を離れて地球などに接近することがある。地球周辺を漂う地球近傍天体（NEO）はこれまでに一万三五〇〇個以上発見されている。年間の発見数は約一五〇〇個に上る。

現時点で地球に衝突する恐れのある天体は見つかっていないという。しかしNASAの幹部は二〇一三年にロシア・チェリャビンスクの上空で起きた隕石の爆発や、昨年十月「ハロウィーン小惑星」の接近を挙げ、「常に警戒を続けて空を見張っている必要がある」としている』

この報道のように、ディープインパクトは現実的な問題であるとして、米航空宇宙局（NASA）が正面から本気で取り組むことにしたようです。

これから

ディープインパクトに人類が立ち向かうには、もちろん人類が生物学的に種として保存されていることが大前提です。人類が他の理由で既に滅亡してしまって生物種として存在していなければ、もはや土俵にも上がれない訳ですから。またそれと同時に、地球環境が大切に保全されていなければなりません。ディープインパクト以前に、別の理由で地球環境が破壊されてしまえばディープインパクトの問題さえ生じません。人類によって温暖化ガスなどの問題がクリアーされ、加えて戦争やテロ行為が駆逐され、かつ国際社会が、民族・宗教・体制間の紛争問題を人類共通の課題として解決を図り、ひとつにまとまっているということが、ディープインパクトに人類が立ち向かう条件です。

言い換えれば、人類と云う種が保存されるためには、種の生存を否定する多くの地球環境の脅威を乗り越えなければならないのです。問題は山積みです。人類の歴史は原人以降わずか数十万年、類人猿の時代を加えても数百万年しかありません。この時間は、数億年の時間スケールから見れば一パーセントにも及びません。従って、小惑星衝突の議論は残りの九九パーセント以上の時間帯に預け置くとして、むしろ目の前の現実的な問題として、私たちは人類の生存を直接かつ日常的に脅かす地球環境に係わる当面の脅威または深刻な課題に向かわねばなりません。例えば水や食糧問題、エネルギー問題、大規模自然災害、地球温暖化、資源枯渇、核兵器や原発の問題等々、これから現実に対処すべき課題に早急に立ち向かわねばなりません。このため、私たちは民族・宗教・体制などの違いから、ちまちまと紛争をしている暇は無いのです。戦争やテロを超越して人類がひとつの方向にまとまって、地球環境問題の解決に向かわねばならないのです。

目先の国境問題を争うよりもっと根源的な問題があることを知らなければなりません。何しろ国境なんぞは地球規模で一瞬にして消滅するのですから。

二億年に一度と云う時間スケールが桁違いの話はさて置いても、私達の現実的な当面の課題は、次のディープインパクトが来るその日よりも前に地球環境を破壊して人類が住めないような地球にすると云う情けない行動ではないはずです。例えどの宗教でも体制でも、その目指すところは平和と豊かな社会でしょうから、民族・宗教・体制の壁を越えて人類がひとつにまとまって地球環境を守ることは可能なはずです。必ずできるはずです。

しかし、有史以来の人類の戦争の歴史を思うにつけ、また昨今の国内外の環境諸問題や国際情勢問題に触れるにつけ、暗澹たる思いがします。この狭い地球上で、昨今特に大国と自負する幾つかの国々が自国のみの利益の追及に走り、民族紛争や国境紛争を続ける限りは、将来展望は開けそうにありません。今のこのままでは人類がひとつにまとまることなど到底無理かもしれない、ひいては人類の種の保存は相当困難かもしれない、と思うのは私だけでしょうか？

参考文献

（1）尾上哲治・佐藤峰南・他：巨大隕石落下の証拠発見、英科学誌ネイチャー・コミュニケーションズ（二〇一三・九・十六）

若佐 秀雄

技術士（応用理学部門 地質）

著者略歴

一九四八年 福岡県に生まれる
一九七一年 九州大学理学部地質学科卒業
（株）応用地質調査事務所入社（現応用地質（株））
同社本州四国連絡橋備讃瀬戸大橋基礎調査、琵琶湖総合開発調査、北海道新幹線地質調査、道央自動車道地質調査等に従事
一九七九年 同 浜松営業所長・静岡支店長・広島支店長・千葉支店長を歴任
一九九五年 同 九州支社長
二〇〇一年 同 執行役員東京支社長
福岡大学理学部地球圏科学科客員教授（兼任）
二〇〇五年 応用地質（株）取締役専務執行役員東京本社長
二〇〇七年 エヌエス環境（株）代表取締役社長
二〇一三年 エヌエス環境（株）代表取締役社長退任 現在に至る

主要図書

成田・若佐他編『宮城県沖地震の再来に備えよ』河北新報出版センター 二〇〇四

国民の防災意識をどう向上させるか

今村　遼平

【目次】

国民の防災意識をどう向上させるか

今村 遼平

はじめに

二〇一五年十一月、地盤工学会のメンバー一八人で『防災・環境・維持管理と地形地質』という本を出版した。執筆者のほとんどが、第一線で活躍している一級のプロのコンサルタントであり、「この類の本は今後二〇年くらいは出ないだろう」と自負するぐらいの出来である。現場をよく知る技術者が土木や土質関係技術者あるいは若輩同業者のために、渾身の力をこめて「二〇年間は使える本を……」という意気込みで書いてきた。

一方「鹿児島本線快速電車の会」（本書では「六連星《すばる》の会」としている）のメンバーもこの五〇余年間、上記執筆者達に負けない——あるいはそれにも勝る現場技術者であり続けてきている。だが最前線をほぼ退き、現場《フィールド》に出る機会が減った現在、このメンバーで上記のような技術書を書いても、アップツーデイトな内容の優れた本を書くのは無理だと思う。よしんば、書けたとしても、説得力の乏しい迫力のないものになる可能性が高い。私たちの真の野外科学技術は、基本的に最前線の現場《フィールド》に根付いて必要とされ、発達し、機能している〝生もの〟だからだ。

「鹿児島本線快速電車の会」のメンバーは、かつてわが国各地で第一線に立って、この分野のコンサルティングに関して優れた技術力を持って業務を遂行してきた多くの経験を持ち、その実践を通して世間に多くの発言をしてきた自負がある。それにもかかわらず、各人がいまだに満たされない「何か」を持っている。私たちはもう現場の第一線にいるわけではないから、発注者にも所属する企業や役所にも規制されず、誰に対しても臆することなく発言し、自分の考えをぶつけることのできる〝自由さ〟のある立場にある。この本は、そういう私たちが第一線で働いてきて、なお満たされずに心の片隅にわだかまっている考えを思いきり吐露して、世間にアピールしたいと思って、それぞれがかなり独善的に筆を執ったものだ。

私は、二〇一四年八月の広島土石流災害に一つの事例を引いて、主として、

i　日本の地形地質分野の教育や実務に対する、為政者の理解のなさ。

ii　国民の自然災害の減少（防災・減災）に対する理解の低さ。

iii　私たち野外科学技術者のプロとしてのあるべき姿。

iv　プロの技術者としての責任。

v　地形地質屋の役割と現状での問題点。

などを中心に、私の思いのたけを思う存分述べて、一介の技術者としての〝遺書〟としたいとの思い

で書いた。

第一節　繰り返される土石流災害

土石流の被害実態を見るたびに、言い知れぬ無力感に襲われる。

この一〇年くらい、ほとんど毎年大きな土石流災害が起きて、多くの被害が出ている。四〇名が亡くなった二〇一三年の大島災害も、七四名が亡くなった二〇一四年の広島災害（図I－1－1）も、土石流による災害である。その日の降雨量がきわめて大きかったことはわかる。土石流災害の発生に降雨量が大きいことは、「誘因」として不可欠のことだが、**被害を受けないためには**、その前に、それが起こる「素因」（立地条件）があったから起きたという認識が大切である。二〇一四年の広島災害でも、新聞やテ

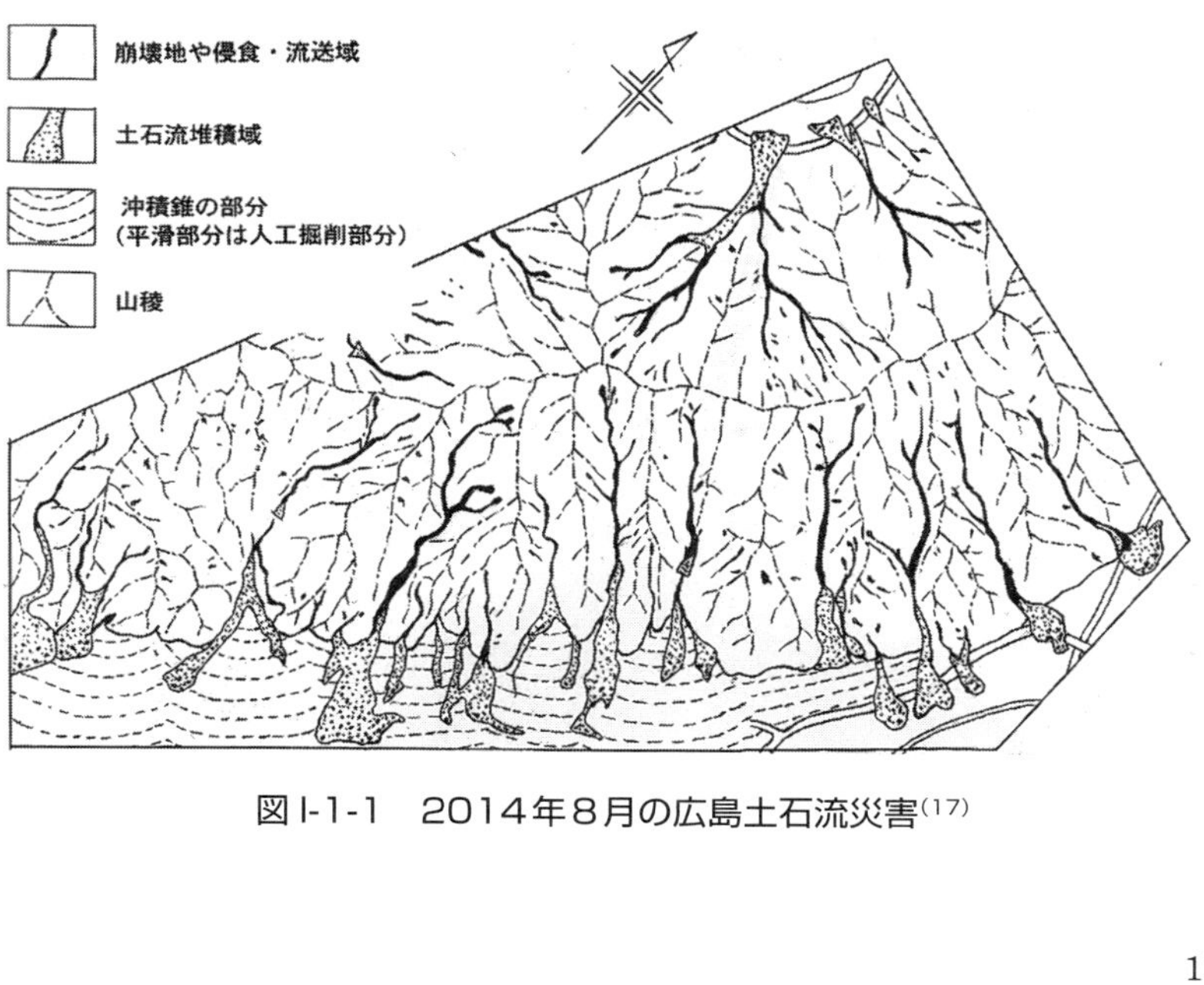

図I-1-1　2014年8月の広島土石流災害(17)

レビなどのメディアでは当初から、

i　大きな雨量であったこと。

ii　崩れやすい花崗岩が風化したマサ土を主とした地帯であったこと（厳密には、阿佐南区の北部はホルンフェルスの分布地帯、阿佐北区は流紋岩分布地帯）。

iii　夜中の豪雨で避難が困難であったこと。

などが声高に取り上げられたが、もっと重要な視点が抜け落ちていた。それは、土石流発生の「素因」についてのコメントがほとんどなかったことだ。私たち防災コンサルタントが集まると、口をそろえて「土石流にやられることが判っている場所（明らかに素因を持った場所）がやられたのが一目で判るのに、一向に被害はなくならないなあ」という話になる。

土石流に襲われやすい場所は、地形用語で言うと「沖積錐」のところである。判りやすく言うと、過去の土石流の繰り返しの氾濫・堆積によってできた小型の扇状地性地形のところなのだ。その幅や〝扇〟の広がり具合は大小いろいろあるが（図I−1−2）、そう**いう小型の扇状地性の地形をしたところは過去の土石流の流出・氾濫・堆積によってできたところで、今後も同じ場所に同様の災害が起こり得ることを示している。**だから、小型の扇状地性の地形が過去の土

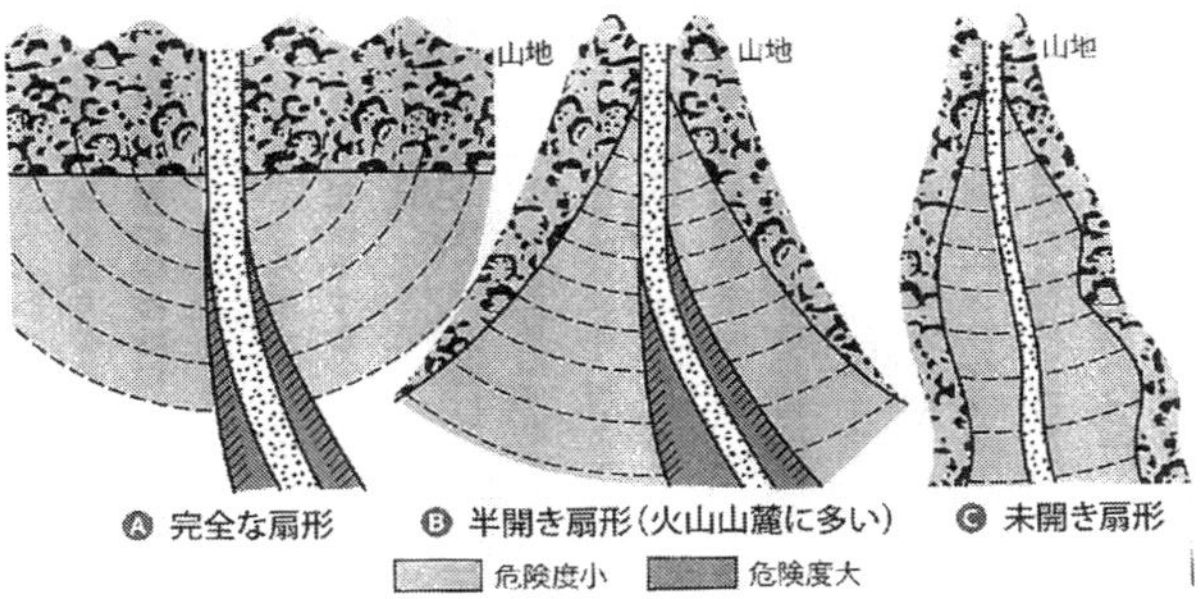

図I-1-2　土石流の氾濫・堆積により形成される扇状地性地形（沖積錐）のタイプ(9)

石流によってできたことを知っていれば、そういう危険地に住むのを避けただろうし、もしそういう危険地に立地していても、豪雨時には早々に避難すれば容易に被害を避けることができよう。

豪雨時の土砂災害のうち、土石流の危険な場所は予測しやすい。このことは昭和四九年、五一年の小豆島の土石流災害以来、当時の建設省で力を入れて多くの実態調査をしてきて、現在では、どういうところが危険かは十分に判っているからである。その後、「土石流危険渓流調査」が全国ベースで一斉に進められ、二〇一四年時点で一八・四万箇所が明らかになっている。二〇〇一年の「土砂災害防止法」施行以降は、その「危険の度合」も細かくランク分けして色表示されるようになり、現在全国の自治体のホームページには詳しく図示・公表されているから(註1)、地形を細かく読めない素人でも、「危険性があるようだ」という判断くらいはできるはずだ。

広島の二〇一四年の災害は現地の方々には酷な言い方だが、次のような点で明らかに「人災」である。

i　すでに「土石流危険渓流」に指摘されていたところが一九九九年の広島災害にもとづく、二〇〇一年の法改正後の方式によっても危険度が細分され色分け表示されていない点や(これには地元の反対があった可能性もあるが)、「土石流氾濫危険地」に住宅地を造成することを認可した、行政の無責任。

ii　土石流氾濫・堆積の危険性がわかっている渓流やその扇状地性地形(沖積錐)の土地を販売したり、そこに住宅を建てて販売したりした宅地や住宅販売業者の無責任。

iii　そして、そういう危険地を、値段が安いからか或いは交通の便がいいからなどの理由で、安易に買った消費者の無知(認識不足)の罪。

雨量が異常に多かったことは事実だが、そこに被害の責任を転嫁しても、緊急防災上はまったく無意味である。**豪雨現象を人為的に止めることはできないからだ。**

なお、国は二〇一四年の広島土石流災害のケースを教訓に、土砂災害防止法を一部改正し、警戒区域の指定前であっても、現地調査が済み指定候補地にランクされれば、住民にその旨を知らしめるように、都道府県に義務付けるようにした。国土交通省の最新の調べによると、土砂災害発生の恐れがある「警戒区域」が、全国には約六五万箇所あると推定されている。こういう現状を見ると危険地域については、当然、自治体の責任で開発制限も考えていかなければならないのである。

一般渓流では、土石流は頻繁に発生するものではない（註2）。新たに崩壊が起きたり百年～二百年といった期間に土石流となる可能性のある土砂（風化物や山腹斜面からの崩壊土砂――崖錐と呼ぶ――や渓床堆積物など）が渓床に多く貯留されていて、ある豪雨になると（その限界雨量値はそこの地形や渓流への土砂の貯留量によって違う）土石流として流下して、既存の小型の扇状地性の地形の上に再び堆積するのである（註3）。ただ、その頻度が人間にとって割りと長い時間間隔であるため、三世代もたつと過去の災害ことは忘れ去られることが多い。だから、土石流災害を避けるには住民の伝承も

（註1）「国土交通省のハザードマップ・ポータルサイト」に、全国の自治体のハザードマップに関する最新情報が示されている。
（註2）上高地焼岳の諸渓流や富士山の大沢などは特殊で、頻繁に発生している。
（註3）花崗岩地帯では、豪雨時に新しく崩れた崩壊土砂が直接下流まで流下して土石流災害を招くことも多いが、そういうところも、過去にそういうことがあったことを小型の扇状地性の地形が明確に示している。

大事だが、過去の土石流の氾濫・堆積の事実が如実に示されている扇状地性の地形（沖積錐）を的確に読み取ることが、土石流防災上では最も大切なのである（註4）。

土石流などの自然災害を日常的に扱っている私たち防災コンサルタントにとって、ニュースで現場を映したテレビ映像や新聞の斜め写真を一目見て、いつも「また、同じことが繰り返されている……」という無力感に襲われる。ほとんど同じ地形のところで、同じような土石流災害が繰り返されているからだ。こういう災害を扱う私たち防災コンサルタントの多くが、このような危険地の地形や地質を一般公衆にわかりやすく示して、啓示する責任があると思っている。そのため私自身もこれまでに『安全な土地の選び方』(6)や『安全な土地』(9)といった一般向けの啓発書を書いてきたが、一向にその認識は世間には広く伝わらない。防災対策を計画・実施する立場の自治体の防災担当者や土木技術者さえ、似たような無知の状態にあるのには失望し、いつも無力感を感じる。

これまで、「土石流」とか「火砕流」といった防災上の専門用語が茶の間の言葉として定着してきたのには、テレビや新聞などメディアの影響が大きく喜ばしいことだ。だが、まだこれらの防災のため何かが足りない。恐らく視聴者の多くが「自分のこと」として捉えていないためだろう。私たちもこれらメディアを多用して、一般の人々にわかるように啓発していく責任があると、最近強く感じる。

第二節 〝防災〟を叫ぶ割には、その基礎的な科学技術に対する為政者の理解のなさ

「災害」とは何か？　自然現象は地球が生まれて以来ずっと続いている。それが人間生活に悪影響を及ぼしたとき、はじめて**「災害」**と呼ばれる。世界で発生するＭ（マグニチュード）五以上の地震の二〇％が、わが国やその周辺域で起きている。二〇一四年の御嶽山の噴火のような活火山活動も、世界の一〇％がわが国やその周辺国土内で起きている。二〇一四年に七四名の死者を出した台風や梅雨前線に伴う土石流災害や洪水災害に至っては、毎年必ず何箇所かで起きる。二〇一六年八月末の台風一〇号でも多くの犠牲者が出た。このようにわが国は世界に冠たる〝**災害大国**〟である。そのことは国民も為政者も十分認識しているのに、一向に自然災害の被害は減らない。それはなぜか？

自然災害を起こす地震や台風など〝発生〟原因（誘引）自体を人間が制御することはできない。可能なのはそれらが発生した場合、「いかに〝災害〟となるのを減らすか」という防災（減災）だけだ。このことは国民も為政者も十二分にわかっているはずである。それなのになぜ一向に減らないのか？

一言でいうなら、**自然災害に対する〝認識が低い〟か、あるいは〝認識が甘い〟かである**。その根源には、

i　**自然災害に対する〝無知〟と、**

ii　**自分は大丈夫だろうという〝横着さ〟と、**

iii　**〝国や自治体が対応してくれるから何とかなるだろう〟という他力本願的な〝甘さ〟がある。**

災害から身を守るには、「お上が何とかしてくれる」という他力本願では、いざと言うとき間に合

（註４）こういう地形を的確に読み取るには、最近の地形図よりも土地利用の進んでいない時代の旧い地形図のほうが読み取りやすい。

わない。これまでのわが国の自然災害の被害を見てみると、これらⅰ～ⅲのいずれかが根本にある。これらが国民や為政者にある限り自然災害による被害は減らない。

二・一　為政者の自然災害減少（減災）に対する根本的な理解の低さ

自然災害の防災（減災）の基本は次の点にある。

ⅰ　地震発生地区の予知・予測についての理解（これは事実上大変難しい）。

ⅱ　火山噴火が災害となることの予知も大変難しいが、〝発生した場合の被災地区〟の予測はつきやすいから、ハザードマップや噴火の兆候などの情報の早め早めの周知伝達しかない。

ⅲ　地震発生時の減災の基本は、①地盤の変位、②地震動による地盤の揺れの大小の違い、③地盤による液状化の発生度の違い、④地形による津波被害の大小の違いなどを知り、これら①～④に対する事前の対応策を講じておくことである。

ⅳ　水害や土砂災害（地すべり・崩壊・土石流）の発生地区・地点は、過去の災害がもたらした自然自体が〝危険地〟だという明確なシグナルを地形に残しているから、まずそれらのシグナルを知ることである。

以上のⅰ～ⅳのうち、大切なのはⅲとⅳだ。これまでに明らかにされていることは、ⅳに示すように自然災害を受ける場所は過去の自然災害現象自体が、そのことを**〝地形〟という目に見える形で自然界の各所に残してくれている。**このシグナルを国民や為政者が正しく知り、理解し、前述した①無知と②横着さ、③それに何とか成るだろうという甘さをなくすれば、自然災害は確実に減る。このことは、私たち防災コンサルタントがこれまでにも繰り返し言ってきたことで、多くの為政者（少なくとも防災にかかわる担当者）は周知しているはずである。だが、それに対する対応が実に甘い。上述のように防災（特に減災）の基本がまず、自然条件——特に地形地質条件——を正しく知り、それにもとづいて的確に対応することであるのに、「自然条件を正しく知る」ための地道な努力に対して、為政者はきわめて無頓着である。日本は「災害大国」であり、「日本の国土は世界一もろい」とわかっていながら、その実態を地道に調査して明らかにしようとしている科学者や技術者——細かく言えば地形地質あるいは治山・砂防などの防災分野の業務内容やそれに従事する人々の働き——に対して、きわめて無頓着で、国土を自然災害から守るために「何が大切か」の本質を理解していない。「災害大国」であり「日本の国土は世界一もろい」とはわかっていながら、その実態を地道に調査して地盤の実態を明らかにしようとしている科学者や技術者の働きの重要さや実態を知らないし、評価していない。いや、多少は評価しているのかもしれないが、世間での評価レベルはきわめて低い。その根源は、この科学技術分野の認識が、わが国の基礎教育の中で、きわめて低レベルにある点に窺うことができる。

川辺文久は、現在の初等～高等教育における地形図・地質図の教育について次のように述べている(13)。

【初等中等教育においては、小学校社会科で地図学習の扉を開き、中学校社会科や高等学校地理歴史科の地理の分野では自然科学的視点もふくめて地形図の読図を学習する（文部科学省：二〇〇八a、二〇〇八b、二〇一〇）。さらに、高等学校理科地学分野の教科用図書（以下、教科書と記す）でも地形図が登場する場面がある。一方、地質図に触れる機会は乏しい。現行の学習指導要領では、高等学校理科の上級学年用科目「地学」で「地質図の読み方の概要を扱うこと」とされているが（文部科学省：二〇〇九）、この科目の履修者は著しく少ない。社会一般でも、地質学に関わる職種にいないかぎり、地質図という地図の存在を意識する人は少ないだろう。】

高校の教科中にも、「地学」という学科が選択科目としてあるが、その履修者はきわめて少ない。だから、**大部分の国民は、小・中学校時代の社会科や理科の基礎知識やテレビなどの表面的な浅い知識の認識程度で、「災害大国」であるわが国の自然災害に対応させられているのが実態である。**（註5）これでは国民の自然災害に対する〝無知性〟は無くならない。

その根本原因は、文部科学省のこの分野の科学技術に対する認識の低さにある。文部科学省――文部省時代からそうであったが――は、日本の国土に対する科学技術の占める重要性に対する認識が極めて低い。これは恐らく同省に地学関係現場での実践経験者がきわめて少なく、〝机上の空論者〟優勢にあるためかもしれない。

周知のように科学は大きく分けると、①書斎科学と、②実験科学、③野外科学の三分野に分かれる。このことはフランスのクロード・ベルナール（一八一三―一八七三）が『実験医学序説』で示し、わが国では川喜多二郎が『発想法』（一九六七）などで繰り返し啓示してきたことである。防災認識の基本に関係することの大部分（主に地形地質や治山・砂防分野など）は、③の野外科学に当たる。野外科学は、実験科学のように人為的にある条件を設定して、繰り返し実験をして理論を組み立てられる性質のものではない。クロード・ベルナールがこの分野のことを「観察科学」と呼んだように、地球は生誕以来変化し続けていて、二度と同じ状態にはない。現在の地盤状況（地形・地質・地質構造・土質など防災に関係する基礎条件）をまず現場で「観察」し、それらが示している〝自然の言葉〟に導かれて、自然に逆らうことなく、災害を減らす対応の仕方を見出すこと、**それが防災分野の「野外科学」**のあり方である。その過程は常に地べたを這いずり回って観察したり、遠くから眺めたりする〝地道さ〟が基本となる。基本的に実験より現場観察が重要なのだ。だからそこにはノーベル賞で話題になるような「実験科学」を中心とした華やかさは、全くない。

国土を自然災害から守る技術や考え方は、そういう地道な科学技術的な努力の上に築かれることを、国民全体が――いや少なくともまず為政者、とりわけ文部科学省は――十分に知った上で、わが国の科学技術を評価し、その教育の基本体制をつくるべきである。

そのためには、教育制度における次の三段階の変革が強く望まれる。

i　初等・中等教育の充実……地形地質を中心に、地球の成り立ちと地表変動の基礎教育。

ii　**高等教育「地学」の義務教育化と入試での必須化と大学の防災地質の**内容を高レベル化し、日本を対象にした地形図・地質図・天気図・海図などの読み方の基礎教育（選択制ではだめ）。

（註5）実際にはテレビなどでも詳しく正確に教示されているのだが、多くの視聴者に基礎がないから、その受け取り方が浅く、表面的になりがちなところにも問題がある。

iii　大学の地形地質や治山・砂防教育者の正当な評価……地形地質や治山・砂防専門学部での学生のフィールド重視の実践教育と、地道な地表踏査成果や指導の妥当な評価。

イ　小学・中学では、①地球の形態と歴史、②地学的に見た日本の現状、③日本における自然災害のメカニズムと実態、④身近な自然の見方、⑤　防災（自然災害の減少方法）の基礎を教える。

ロ　高等学校での「地学」を**必修科目**とし、イの①～⑤の高等化と、そのための基礎となる地形図・地質図・天気図・海図の意味とその見方を教える。この段階で本格的に防災を知り得るレベルでわが国の国土の実態を知り、これ等の地図類での国土の見方読み方を教える。大学の入試でもこの科目は必須にする。

ハ　大学の専門―地形学・地質学・地球物理学・砂防学等の分野では、いずれの分野でも、フィールド・ワークを充実させるべきだ。前述のように**これ等の分野は「野外科学」であって、すべての発想・発見の基本は現場（フィールド）の観察にある。**大学ではフィールド調査の基本をしっかりと教え、そこに楽しさや面白さを感受できるまでの教育が大切である。最近、そういうフィールド・ワーク重視の教育に力を入れている大学教師が少ないのは、大きな問題である（この点については再度詳述する）。フィールド観察のできないあるいは下手な学生は、研究者としてはもちろんのこと、コンサルタントなど現場技術者には向かない。

ニ　わが国の為政者は、単に世界の時流に乗ることにのみとらわれて、「わが国独特の国土を守るための科学技術」のあり方には無頓着である。このことが基本的に国民の教育をゆがめ、防災に対する〝無知性〟を醸成している。文部科学省は、前述のような国民の教育はもちろんのこと、グローバルに世界の目で日本の科学技術の有り方を正しく見つめて、日本の国土という特殊性にも目を向けた日本独特の科学技術のあり方の方向性を奨導し、そのあり方や科学技術の成果の評価もしていくべきである。そうしない限り、わが国土についての地に着いた知識・知恵は醸成されないし、自然災害に対する国民の〝無知性〟はなくならない。

現在、フィールドを地道に歩き回って地形地質調査をして国土の実態を論文にして世に出している科学者――特に大学教員――に対する評価は極めて低い。地道で時間のかかる仕事では、「新発見」など少ないからか評価は低く、無視されやすい。科学者はこのような分野からは遠ざかりがちだ。現在フィールドを歩き回って日本の地盤の科学的事実を本当に調査・研究している現役の大学教員は、十指に満たないのではないか。

野外科学は決して完成されているわけではない。研究の新味性が乏しいのは、フィールドの見方・フィールドからの発想が無いために、新しい知見が得られないだけのことだ。今、日本の科学技術に対する基本姿勢が問われている。すべてを世界に迎合する必要はない。国土に根付いた科学の特色を出す地道な研究開発も、同一レベルで不可欠である。そのことが、わが国だけでなく世界の科学技術の発展に資することにもなる。

二．二　国民（註6）の自然災害減少（減災）に対する〝無知さ〟加減

私たち市民は「安全と安心」、逆に言うと「危険と不安」の感じ方をどういう風に考えているだろうか？

自然災害に対して人が「安全」と感じるのは、「危険性がゼロ」ということではない。「危険性が著しく低い」ことをもって「安全」と考えているに過ぎない。一般市民の「安全と安心」の感じ取り方の関係は、図Ⅰ−2−1のように考えることができよう。

すなわち、私たちが「安心」と感じるのは、「安全領域」――これときわめて不明瞭な領域なのだが――だけであって、安全性のより低い中間領域（グレーゾーン）の領域になると、一般的に私たちはもう不安を感じる。したがって、普通の人々にとって「安心領域」は「不安領域」よりも著しく狭い。つまり、相当に安全性が高くないと、私たちは「安心感」を持ち得ない。ところが、災害発生に無知で「知らぬが仏」状態にある人は、実際にはグレーゾーンの領域までも「安全」だと思い込んで、安心感を持っている。防災上はこの両者の感じ方の違いが、問題なのである。

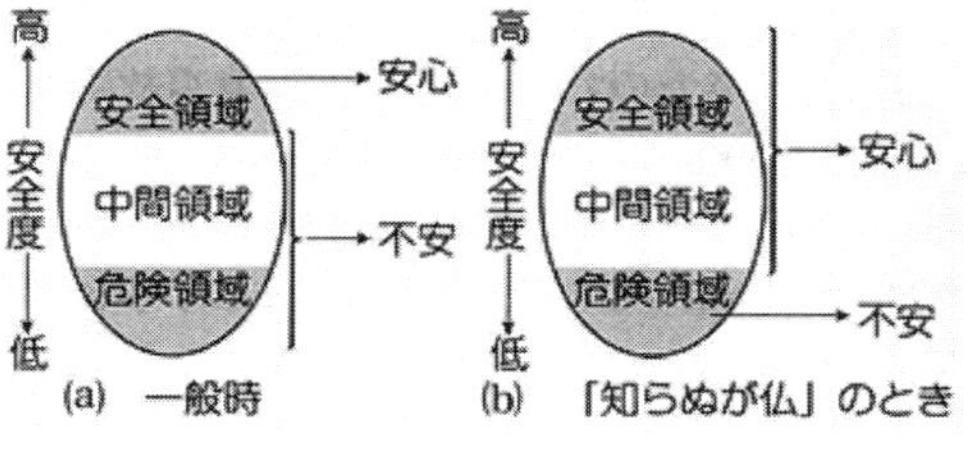

図Ⅰ-2-1
安全と安心の感じ方の関係(8)

災害に対する認識、つまり身の安全に対する認識度が低いと、「危険領域」は著しく狭くなる。実際は危険状態にあっても危険と感じないのだ(8)。そのいい例が七四人の死者を出した二〇一四年八月の広島災害である。冒頭に記したように、この時の災害の根本には、①行政　②宅地（あるいは建売住宅）販売業者　③それを購入した個人の、それぞれの立場での〝無知性〟がある。危険地に住んでいながら、**「知らぬが仏」**状態にあるのは、過去の自然現象——広島の場合は土石流災害——が示していた地形的なサイン（土石流が出る危険性があるというサイン）の意味を知らなかった、行政や業者・個人それぞれのレベルでの〝無知性〟が、根本にある。それを知っていれば、当然適切な行政措置があったであろうし、業者も危険地を承知で販売することもなかったであろう。住民もそういう危険な土地は購入しなかっただろうし、たとえ以前に購入していたとしても、そこが「危険地」だと知っておれば、早々に避難したはずである。実際、この広島災害でも危険な予兆を察知して早めに逃げて助かった人も大勢いる。しかし、それは「無知でなかった」のではなく、どうも動物的に危険性を察知した勘のよさに過ぎなかったようだ。

二〇年ほど前までは、私たち防災コンサルタントが作った土地の安全性（逆に言うと危険性）をランクわけした地図（今日のハザードマップ）を発注者に示して、「市民に公表して危険性を知ってもらうべきです」と口をすっぱくして言っても、行政側は「土地の値段が下がるといけないから」と言って、ほとんど公表しなかった。私の知る限り、いち早くハザードマップを公表したのは、静岡県の浜

（註６）ここで言う国民とは、当然のことながら、①行政も、②土地の販売業者も、③それを購入する個人も含めた国民全体を示す。

北市（昭和五六年）ではなかったかと思っている。

一九九九年の広島災害を踏まえて二〇〇一年の砂防法の改正以来、各地で実施されてきた砂防基本計画でのハザードマップ表示（土石流危険地の危険度によるランク分け）の段階になると、「土地の値段が……」としばしば住民との間にいざこざがあったと聞いている。二〇一四年の広島土石流災害以前にも、土石流に対する危険度ランク区分結果を住民の気持ちを忖度して（？）、ランク表示して示さなかったと聞いている。しかし、それはとんでもない錯誤で、悪しきパターナリズムである。

周知のように**パターナリズム（paternalism）**いう言葉は「父親的温情主義」とか「父親的干渉」などと訳されているが、たとえば「〝あなたは癌ですよ〟などと告知したら患者は耐えられないだろうから、告知しない」といったことが、そのわかりやすい例である。パターナリズムは一見大変いいことのようだが、「相手のため」という温情から相手の権利——いわゆる**「知る権利」**——を一方的に奪うものだ。防災上ではこのことが悲劇を招く。このため、最近、一方的なパターナリズムは認められなくなりつつある。そこに**説明責任**が重要視されるようになってきているのだ。特に防災上はそうである。

どういう〝商品〟でも、品質が悪いものは安いのが当たり前だ。土地に関しても利便性がほぼ同じなら、

i　安全性が高い土地（質がよい）…………地価が高い
ii　安全性が低い危険地（質が悪い）………地価が安い

と評価されるのが当たり前のこと。それを公表しないのは、悪しきパターナリズムであって、行政

の手落ちである。本当に住民のことを思うなら、危険度のランク区分を公表して、住民が安全に対する日頃の心がけを知るように仕向けるのが、行政の良心だろう。住民には「知る権利」がある。それを「土地の値段が下がる」という住民の思い込みをおもんばかって（?）公表しないのは、真に住民の安全性を考えていない証拠である。

一方、住民は、すでにわかりやすく示した多くの啓蒙書や危険性を図示したハザードマップが出ているのだから、それらによって土地の安全性を学び、自分の土地の立地条件をあらかじめよく知った上で、（1）新たに購入するとか、（2）すでに居住しているのであれば、自宅や職場の安全性を周知しておくべきであり、「知らぬが仏」の無知は、「災害大国」のわが国では危険極まりないことである。それでは、いざと言うとき自分や家族の身は守れないし、ひいてはわが国の自然災害の被害の減少はありえない。

現在それぞれの自治体の自然災害に対する危険度は、表現の仕方は自治体によって多少違うものの、「ハザードマップ」という形でインターネット上に公表されている。この情報は常に最新情報に更新されているから、それを見るだけでも、自分の住んでいる土地の安全性を知ることができる。国も自治体もかなり努力してそれらを公表・提供している事実を、国民は知っておくべきである。

ハザードマップを見る際、自然災害に対する危険度をどう見ればよいかを、表Ⅰ-2-1と表Ⅰ-2-2に示しておきたい。

表Ⅰ-2-1 ハザードマップを見る際の土地の安全性の見方[8]

地形			地盤の良否＊（支持力 不同沈下 地下水位等）	受けやすい災害	防災上の留意点
中地形	微地形（Ⅰ）（Ⅱ）（Ⅲ）は小地形				
山地・丘陵地		尾根部	A	——	——
		山腹部	A	崩壊・地すべり	・遷急線より下に起きやすい
		谷部	A	土石流	・渓床堆積物の多い谷底に起きやすい
		谷埋め盛り土地	B〜C	地震災害	・地震時には滑りや崩れを起こしやすい
台地（段丘）		山麓段丘面	A	土石流	・段丘面状の土石流堆（沖積推）部分は危険
		段丘面	A	——	・段丘面上の凹地部では、豪雨時の内水災害が起きやすい
		段丘崖	A	がけ崩れ	・段丘崖に面した段丘面上は、がけ崩れに留意
		谷埋め盛り土地	B〜C	不同沈下	・地震時には滑りや崩れを起こしやすい
低地	Ⅰ 扇状地帯	扇状地（沖積扇）ー大きい扇状地	A	洪水災害	・大きい扇状地では扇頂部付近や旧河道沿いでの破堤が多い
		扇状地（沖積錐）ー小さい扇状地	A	土石流災害	・小規模な扇状地（沖積錐）は土石流に襲われると考えるべき
	Ⅱ 自然堤防帯	谷底平野	B〜C	洪水災害	・湛水が長びきやすい
		沖積段丘（低い段丘）	B	洪水災害	・段丘面と現水面との比高が5、6メートル以下は洪水に対してたいへん危険
		自然堤防	B	洪水災害（大規模な場合）	・通常の洪水に対しては安全だが、大洪水時には水をかぶることがある
		砂州（中州）	B	洪水災害（大規模な場合）	
		氾濫平野	D（軟弱地盤）	洪水災害	・外水災害、内水災害とも被害を受けやすい
		後背湿地	D（〃）	地震災害	・外水災害、内水災害とも被害を受けやすい
		旧河道	E（〃）	地震災害	・洪水時の主流路になりやすく、湛水も長びく
		せき止め沼沢地	E（〃）	地震災害	・地震動に弱い。湛水しやすい
	Ⅲ 三角州帯	砂丘間低地	E（軟弱地盤）	地震災害 高潮災害	地震動に対しても、液状化や津波などに対しても、たいへん弱い地区である。砂丘は液状化しにくいが、周辺部は液状化する
		潟湖跡地	E（〃）		
		溺れ谷埋積地	E（〃）		
		三角州	E（〃）		
		砂丘・砂浜	B		
	人工地盤	水部の埋立て地	E（軟弱地盤）	地震災害 高潮災害	地震動に対しても、液状化や津波などに対しても、たいへん弱い地区である。
		低地盛り土地	D（〃）		
		干拓地	C〜D（軟弱地盤）		
		埋立て地	E（軟弱地盤）		

＊A：十分に良好　B：良好　C：あまり心配ない　D：あまり良くない　E：たいへん悪い

表I-2-2 地形別に見た災害に対する危険度のまとめ(8)

地形	地震災害				水災害		土砂災害	
	地震動（揺れ）	地盤の変位	液状化	津波	内水災害	外水災害	土石流	地滑り・崩壊
低地								
溺れ谷埋積地	×	△	△	×	×	×	◎	◎
潟湖跡地	×	△	△	×	×	×	◎	◎
三角州	×	△	×	×	×	×	◎	◎
せき止め沼沢地跡	×	△	△	×	×	×	◎	◎
堤間低地	×	△	×	×	×	×	◎	◎
旧河道	×	△	×	×	×	×	◎	◎
後背湿地	×	△	△	×	×	×	◎	◎
自然堤防	×	△	×	×	○	△	◎	◎
扇状地（沖積扇）	△	△	◎	◎	◎	△	◎	◎
扇状地（沖積錐）	△	△	◎	◎	◎	△	×	◎
台地（段丘面）								
段丘崖	△	△	○	◎	○	◎	◎	◎
段丘面	△	△	○	◎	△	◎	◎	◎
段丘面上の谷の出口	△	△	○	◎	○	◎	×	◎
山地								
山腹部	○	△	◎	◎	◎	◎	◎	×
谷部	◎	△	◎	◎	◎	◎	×	×

◎安全　○ほぼ安全　△たまに被害を受ける　×危険

第三節　国民の防災についての〝無知〟の原因

このような国民の自然災害についての無知は、基本的に自然災害に対処するのに必要な教育を受けていない点に帰する。現在ほとんどの国民が、小・中学の理科や社会の授業で学んだ地学的なことを基礎にして自然災害を見、考えているのが実情である。なぜなら、高校の地学の授業は選択制で、地学を選択する生徒は極めて少ないからだ。わが国が「自然災害大国」であり、国は「国土強靭化対策」を唱えるのであれば、自然災害について最低の常識を身につけるだけの教育は実施すべきである。それは恐らく、高校の地学が必修制になり、大学入試に必ず「地学」が必須にならない限り身につかないだろう。現在の高校の地学の教育内容を見てみると、次に示すように、必須制であれば何とか自然災害に対応するだけの常識が身につく内容にはなっている。ただ、そのウェイトの置き方は、後に述べるようにもっと変えるべきであろうが。

三．一　高校の地学の内容

では、現在高校で教えるわが国の国民が身につけるべき自然災害やその防災知識を含む「地学」は、どういう内容になっているかを見てみよう。現在の高校の「地学」は表I-3-1に略述するように、「地学の基礎」（文系生徒用）と「地学」（理系生徒用）の二分科制になっている。

三．一．一「地学基礎」

「高等学校学修指導要領開設—理科編—」(11)の第八節によると、「地学基礎」の目標は、次のように記されている。

【日常生活や社会との関連をはかりながら地球や地球を取り巻く環境への関心を高め、目的意識を持って観察・実験などを行い、地学的に探求する能力と態度を育てると共に、地学の基本的な概念や原理・法則を理解させ、科学的な見方や考え方を養う。】

このうち、私たちが一番問題にしたいわが国での自然災害に関する部分は、2)~5)である。

表I-3-1　高校地学の内容(11)

<地学（理系生徒用）>	<地学基礎（文系生徒用）>
1)地球の形状	**1)惑星としての地球**
地球の形と重力	地球の形と大きさ
地球の磁気	地球内部の層構造
2)地球の内部	**2)活動する地球**
地球の内部構造	プレートの運動
地球の内部の状態と物質	火山活動と地震
3)地球の活動	**3)移り変わる地球**
プレートテクトニクス	地層の形成と地質構造
地震と地殻変動	古生物の変遷と地球環境
火成活動	**4)大気と海洋**
変成作用と変成岩	地球の熱収支
4)地球の歴史	大気と海水の運動
地表の変化	**5)地球の環境**
地層の観察	地球環境の科学
地球環境の変遷	日本の自然環境
日本列島の成り立ち	**6)宇宙の構成**
5)地球の大気と海洋	太陽系の中の地球
大気の構造と運動	宇宙のすがた
海洋と海水の運動	太陽と恒星
6)宇宙の構造	
太陽系	
恒星と銀河系	
銀河系の構造	
7)銀河と宇宙	
様々な銀河	
膨張する宇宙	

三．一．二「地学」

「地学」の目標は、次のように記されている。

【地学的な事物・現象に対する探究心を高め、目的意識をもって観察・実験などを行い、地学的に探求する能力と態度を育てるとともに、地学の基本的な概念や原理・法則の理解を深め、科学的な自然観を育成する。】

このうち、私たちが一番問題にしたいわが国での自然災害に関する部分は、表I－3－1左列の3）や4）である。

3）地球の活動

（ア）プレートテクトニクス

プレートテクトニクスとその成立過程。

（イ）地震と地殻変動

プレート境界における地震活動の特徴と、それに伴う地殻変動などについて理解すること。

（ウ）火成活動

マグマの発生と分化および火成岩の形成について理解すること。

（エ）変成作用と変成岩

変成作用や変成岩の特徴および造山。

4) **地球の歴史**

(ア) 地表の変化

風化、侵食、運搬および堆積の諸作用による地形の形成について理解すること。

(イ) **地層の観察**

地層に関する野外観察や実験などを通して、地質時代における地球環境や地殻変動について理解すること。

(ウ) **地球環境の変遷**

大気・海洋・大陸および古生物などの変遷を基に、地球環境の移り変わりを総合的に理解すること。

(エ) **日本列島の成り立ち**

島弧としての日本列島の地学的な特徴と形成史を理解すること。

これらの学科の内容の詳細については省略する。

三.一.三 **高校地学についての問題点。**

ここに示した高校地学の全体的な学習内容は広い視点から網羅されており、妥当な内容だと思われるが、実際の授業に際しての項目によるウェイトの置き方については、指導要領に示されていない。これまで述べたわが国の国土の実態を考えると、3)地球の活動と4)地球の歴史にこそウェイトをおくべきであって、そのほかの部分は、通り一遍の教授でもいいと思う。つまり、ここに示した3）や4）など自然災害に関係した部分については時間を掛けて教授し、わが国の自然災害に対応できる知識やものの見方・考え方を、教えておくべきである。今の教育システムでは、これらはここでしか学ぶチャンスは無いからだ。その他の部分については、興味があれば大学で本格的に勉強して、その専門家を目指せばよい。

以上高校の「地学」を要約すると、

i　高校の「地学」─「地学の基礎」「地学」─を必修とすること。

ii　さらに、そのカリキュラムの中では、「災害大国」であるわが国の国土の置かれている状況に鑑みて、実態に合った教授のウェイトづけをして、高校時代にわが国の自然災害に立ち向かうことのできる基礎を学ぶ仕組みとすること。

iii　大学の入試に「地学」を必須科目とすることによって、多数の者が真剣に学ぶようにすること。

の三点が、わが国の自然災害に対する「無知性」を無くすうえで、重要だと思う。

第四節　今時の大学生の現状

四．一　大学生が勉強しなくなった？

文部科学省教育局の大学振興課大学改革推進室の調べによると(12)、国民は大学教育に決して満足してはいない。六四%は企業や社会が求める人材を育てることができないと思っているし、さらに六三%が今の大学は世界に通用する人材を育ててはいないと思っている(12)。戦前は「大学は、社会を引っ張って行くエリート的な人材を育てるところ」といった大学観があった。それが、高度経済成長時代の大学観は、「大学での教育には大して期待しないが、入社後鍛え上げる」とか、「昔から大学生は大して勉強はしていない。それでも卒業後には社会で活躍している」といった具合に、変わっていった。

ところが、経済を中心としたグローバル化、少子高齢化、情報化といった急激な社会変化の中では、労働市場や産業・就職構造の流動化などにより、社会の将来予測が難しい時代となった現在、i　相変わらず「大学での教育には大して期待しない」と言いながらも、若者や学生にとって、大学での学修が次世代を生きぬく基盤となるのかどうかは不明確で、大学教育がそれに応え得るかどうかの疑問は大きいが、

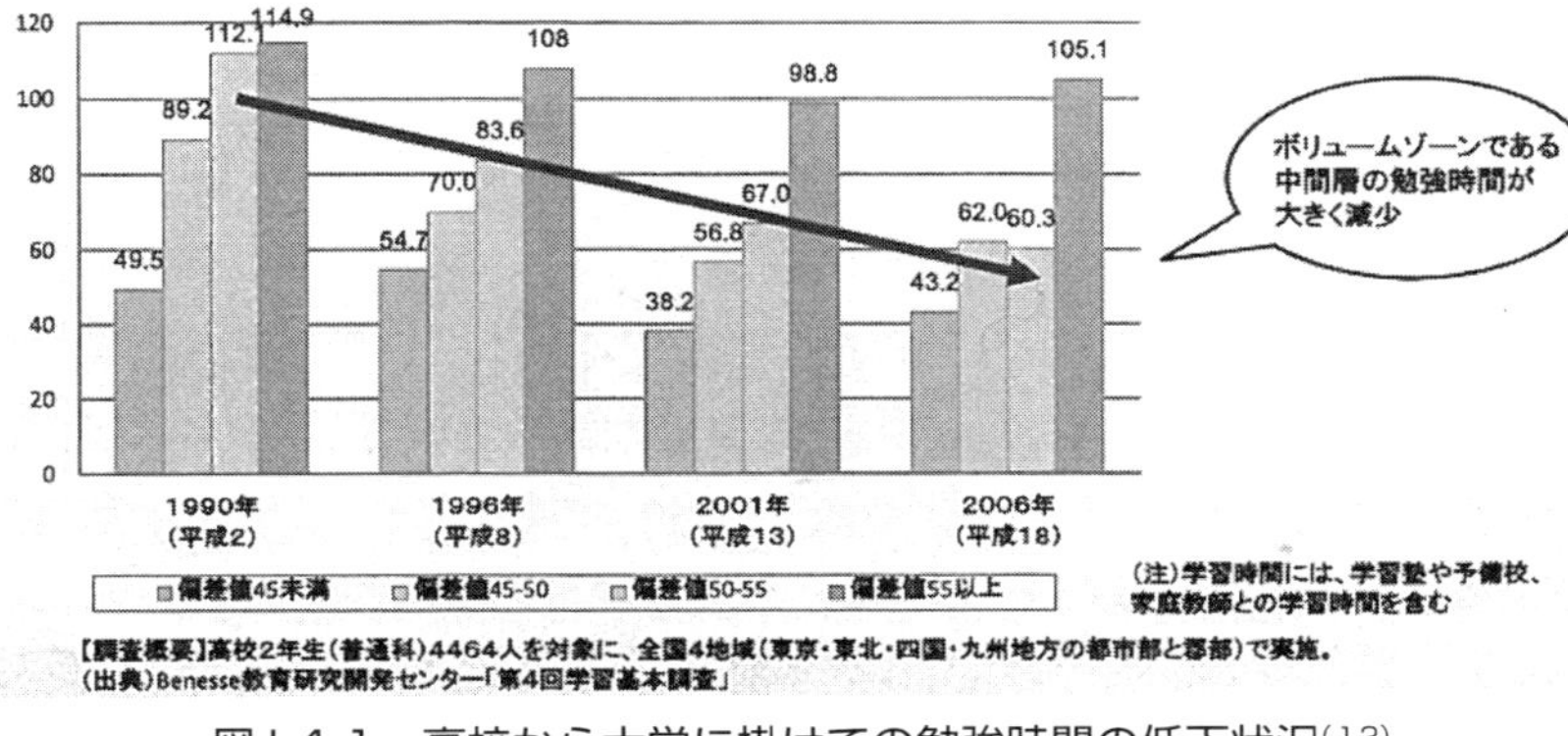

図 I-4-1　高校から大学に掛けての勉強時間の低下状況(12)

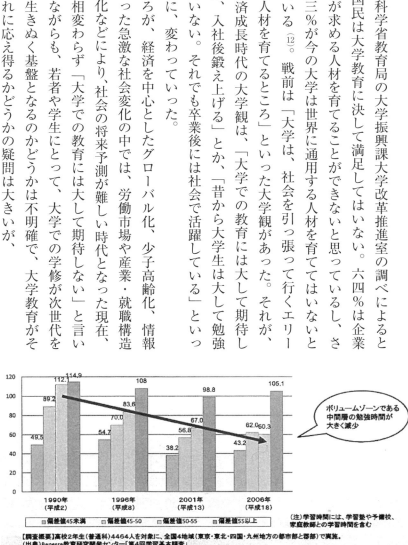

ii　それでも産業界や地域社会は、このような急速な変化に対応したり、未来への活路を見出す原動力となる有為の人材育成を、やはり大学に求めている。

iii　だが、それにもかかわらず、大学生が勉強しなくなり（図I-4-1）、大学時代に基礎的なこと、「大学生として当然学ぶべきであったこと」、あるいは「物事の学び方の本質」を学ばないで社会に出て、産業界で頼りにする力を発揮できる大学卒業生の割合が極めて少なくなっていて、大学教育の改革が求められているのが現実である。

こうなった原因は、

i　一つには、大学が大衆化されて、大学卒がもはや戦前のように決して社会のエリートではなくなり、高度経済成長時代のように社会の大きな戦力として期待される時代でもなくなったこと。

ii　つまり国の大学教育政策が、現在の社会が求める大学観にそぐわなくなっていること。

iii　そして何より、「大学で学んで、社会に出たら自分の人

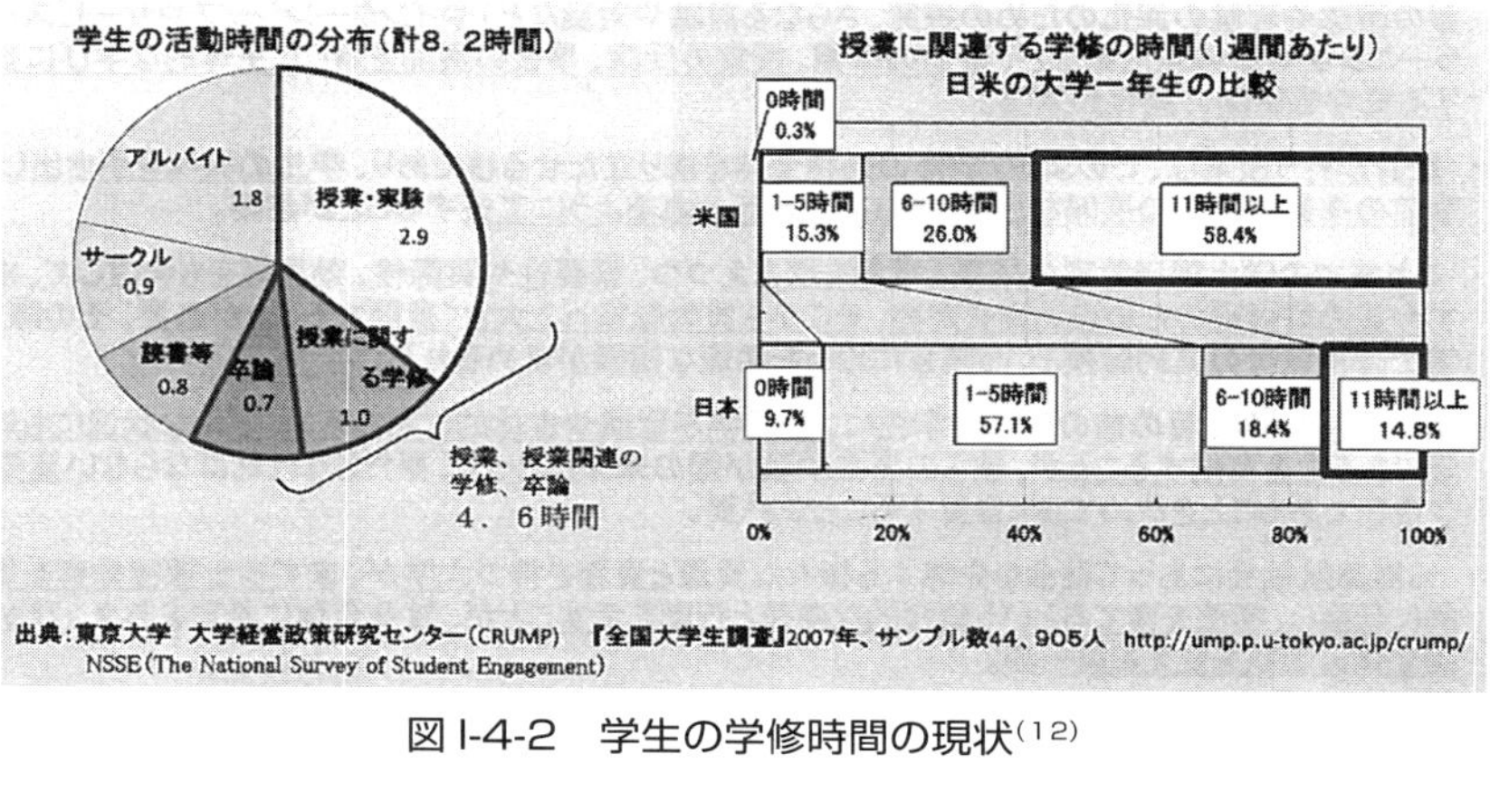

図 I-4-2　学生の学修時間の現状(12)

生を成就させようという強い意識を持った大学生が少なくなり、勉強しなくなった」ことであろう（図Ｉ−４−２）。

以上を要するに、現在の大学生に対しては、①個人のやる気（覇気）と、②それを社会が求める人材としての個人の力を引き出す大学教育の適正化、そして③それを生かす社会の受け入れ側のシステムの変革が求められている（図Ｉ−４−３）。

四．二　地形地質分野の大学生に望むこと

私はコンサルタントとして五三年間を過ごした企業人の一人として、地形地質分野の大学生は、その本分をよく考えて、

ｉ　大学は、個人が主体的に学ぶ「学び屋」だという意識を強く持って、そのために大学を最大限に利用してほしい。

ii　その中で、それぞれの分野の「基礎知識の取得」と「ものごとの学び方」、そして、「野外で学ぶ喜びや楽しさ」を経験してほしい、と思っている。

最近の大学はレジャーランド化している感を強くする(14)。だが、言うまでもなく大学は「学び屋」である。入学までの困苦（昔も今も変わらない）を挽回すべくのびのびと遊びたい気持ちはわかる

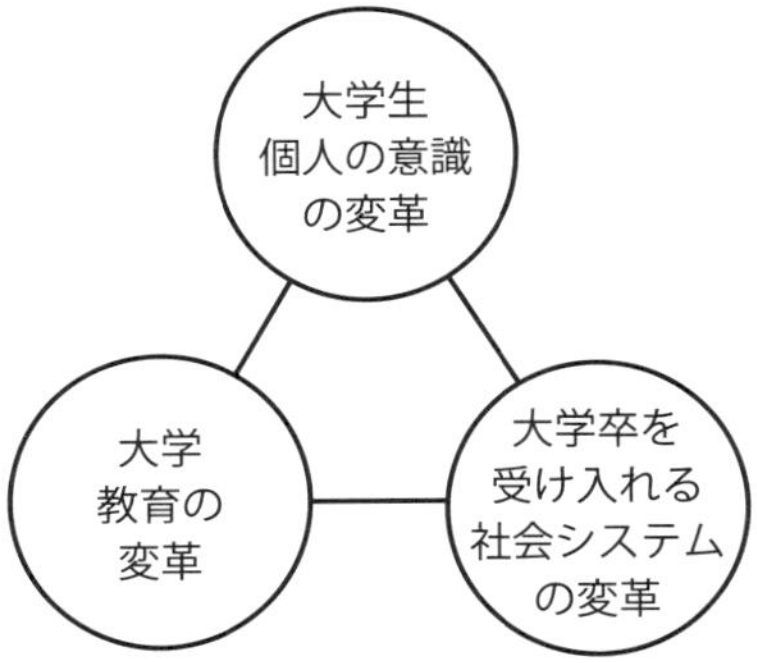

図 I-4-3　今求められている変革

が、本来大学は「遊びの場」ではない。しかも高校までと違って単に教師から教えられるだけでなく、夢を持って主体的・自主的に学ぶ場である。大学にはそういう「場」が設けられている。大学で「学ぶ」のに苦痛を感じる人は、本来入学すべきではないのだ。

まず大学は、自分の望むそれぞれの分野で「基礎知識」を得る場として、自分の進む方向で必要な基礎知識を十分に吸収する必要がある。あるいは逆に、それらを通して自分の進むべき道を模索する場でもある。大学といえども創造的な才能を短期間の教育によって作ることはできないが、過去に創造されて常識化した知識を教えることはできる。それが上述した「基礎知識」である。私たち地形地質あるいは治山・砂防など野外科学分野の場合、その中のフィールド・ワークの手法――つまり、現地の見方・現地での考え方――を、学生時代には徹底して学んでおく必要がある。室内作業よりも野外作業の学修のほうが重要である。フィールド・ワークは体力のある若い学生時代に体で覚えるよう心がけるべきだ。若くして身についた現場の知識や調査手法は、社会に出て必ず役に立つ。しかも「野外で学ぶ、あるいは野外で調査をする本当の喜びや楽しさ」を、学生時代に身を持って感じ取っておいてほしい。フィールド・ワークの苦しさの中に「喜びと楽しさ」を見出し得ない人は、社会人になってのフィールド・ワークに苦痛を感じ、忌避したくなるだろう。そこに新しい発見や創造は望めない。

第五節　わが国における大学教員の評価

五．一　教員評価の定義

二〇〇四年（平成十六）の国立大学の法人化を契機として、高等教育を取り巻く環境が急変した。各法人は中期目標計画や年度計画に即した活動を行い、その達成に関する評価を受けることを義務付けられた。企業での業務のやりかたと全く同じである。

大学内部ではマネジメントの一方法として最近、大学教員の個人評価制度が実施されつつあることが、文部科学省科学技術局の大学に対するアンケート調査から、明らかになっている（表Ⅰ-5-1）。

五．二　教員評価の目的

教員評価制度を導入した目的に対し、八〇％以上の大学が「教員の自己点検による意識改革」や「教員個人の教育・研究のレベル向上」と回答しており、その目的が教員個人レベルでの活動・意識の改善が中心となっているが、果たしてそうか？　国立大学では六二％が「社会に対する説明責任のため」としており、私立・公立大学の三〇％よりも有意に高い。しかし、いずれも

表Ⅰ-5-1　教員評価実施率(12)

	国立大	私立大	公立大	国立 大規模	国立 中規模	国立 小規模
回答大学数	71	314	57	21	30	20
評価実施数	58	80	20	14	29	15
評価実施率（％）	**81.7**	**25.5**	**35.1**	**66.7**	**96.7**	**75.0**

「組織運営の評価・改善のための資料収集」という目的を、五三・四%があげている（図I–5–1）。

五．三　評価手法

その教員評価手法は、次の三種類の想定のもとに行われている。

i　研究成果や担当授業数など、教員の業績を何らかの方法で数値的に総合化する方法（①総合点算出型）。

ii　教員の数量的・定期的な業績をもとに、その優劣（たとえばA、B、C、Dの段階評価などをつける方法）（②業績段階判定型）。

iii　年度初めなどに教員の目標を定め、その達成度を評価するもの（③目標管理型）。

その結果、概ね五〇%の大学が①の総合点評価型を採用している。国立大学では、総合点算出型につづいて、②業績段階判定型、③目標管理型の順に多く、第

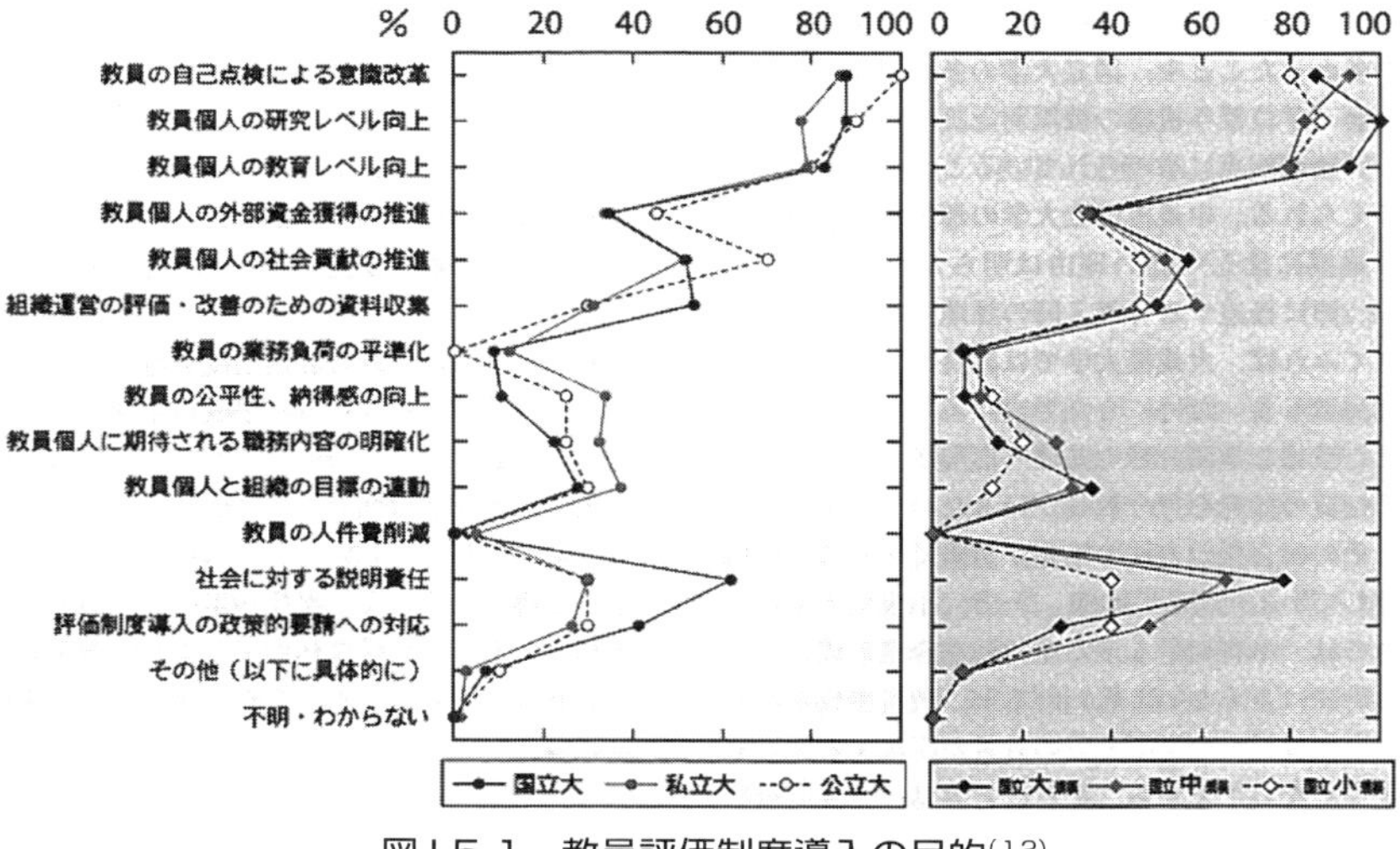

図I-5-1　教員評価制度導入の目的(12)

三者による評価だけでなく、自己評価を前提として実施している大学が多い（図I–5–1）。

五．四　評価項目　—研究—

図I–5–3は、研究分野での教員評価に用いられている項目である。国立・私立・公立を問わず、「論文」「学会発表」「著書の執筆」などの研究成果の公表は、九割程度の大学で評価項目に採用されている。そのほか八割を超える国立大学では「受賞」「外部資金受け入れ」「学会活動」「知財（特許など）」なども用いており、私立大学より利用度が高い。

五．五　評価結果の活用

評価結果を見ると、国立大学では、教員評価と昇任人事のシステムとは切り離して実施している傾向があるのに対し、私立大学では、三六・三％が昇任に用いている。一方、「基盤的研究費の配分」への活用は、全体的に消極的である。

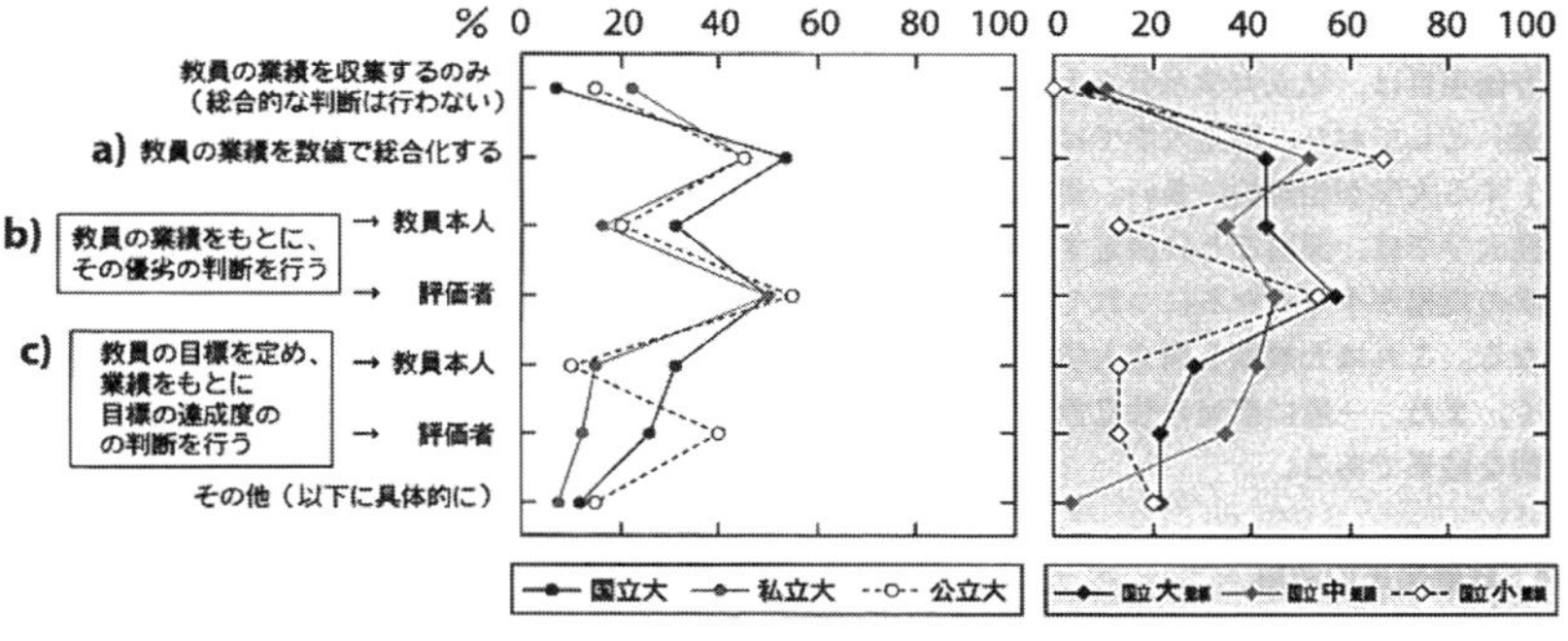

図I-5-2　教員評価結果の決定方法(12)

五．六　評価手法による、導入目的・課題の違い

（1）総合点算出型……評価方法は容易ではない
・情報収集の負担増大
・数量化になじまない項目は評価に利用されにくい
・点数の算出方法の見直しは毎年必要
・「管理・運営に関する評価」「総合的な評価の決定法」などの方法論の問題
（2）業績段階判定型……目的としては教員個人の教育・研究能力の向上といった個人レベルの能力向上があがっている割合が高い
（3）目標管理型……「組織目標との整合した個人の目標設定方法」を導入時の課題と回答している割合が相対的に高い
・また、「誰を評価者とするか」「評価者の養成」など、教員と共に目標を合意する側である評価者の育成も、導入時の課題であったことが示されている
・「役職」「部局業務」「技術相談」など、管理運営や組織ミッションに由来する業務が評価対象に入っていることが特徴である

この（1）～（3）の各評価手法を用いている場合の特徴を、表Ⅰ-5-2に示す。

表I-5-2　各評価手法を用いる場合の特徴（各手法の使用の有無で回答に差異がある綱目）(12)

	a）総合点算出型 n＝62	b）業績段階判定型 n＝68	c）目標管理型 n＝38
評価導入時の目的		・教員個人の研究レベル向上 ・教員個人の教育レベル向上 ・教員個人と組織の目標の整合	
評価導入時の課題	・各評価項目から総合的な評価を決定する方法（重み付け等） ・評価実施の負荷 ・評価結果の活用方法	・評価導入の目的についての教員の理解 ・管理・運営に関する評価方法 ・各評価項目から総合的な評価を決定する方法（重み付けなど） ・業績評価と他の評価とのバランス ・評価実施の負荷 ・評価結果の活用方法 ・評価結果の開示（内容、範囲）	・組織目標と整合した目標設定方法 ・誰を評価者とするか ・評価者の養成（研修等） ・評価実施の負荷
評価に用いる項目	・成果の学術的価値は利用しない ・成果がもたらす社会・経済・文化的な効果の価値は利用しない ・多くの項目について定量データを活用	・論文・総説 ・論文・総説の被引用 ・専門書籍の編集・執筆 ・学会発表・講演 ・外部からの賞・表彰 ・競争的資金など外部資金の獲得 ・講義・演習担当数 ・部局の設置趣旨に即した特定業務（教育・研究以外）の実績	・学会活動（役職等） ・ノウハウの創出 ・外部からの賞・表彰 ・講義・演習担当数 ・博士学生の育成数 ・役職（学部長、学科長、学内・研究所内委員等） ・部局の設置趣旨に即した特定業務（教育・研究以外）の実績 ・生涯学習支援等 ・学外の審議会・委員会 ・技術支援、技術相談
評価結果の活用		【活用内容】 ・賞与・一時金・報奨金 【評価結果の開示先】 ・同僚教員には開示しない ・学外には開示しない	【活用内容】 ・評価が悪かった教員に対する指導
評価導入後の目的		・教員個人と組織の目標との整合 ・教員の人件費削減	・教員の自己点検による意識改革 ・教員の公平性、納得感の向上 ・教員個人に期待される職務内容の明確化（教育重視、研究重視等） ・教員個人と組織の目標の連動
評価導入後の課題	【課題】 ・評価者の養成（研修等）は課題ではない 【評価制度の改善】 ・見直しの頻度は毎年である		【課題】 ・組織目標と整合した目標設定 ・評価者の養成（研修等） ・評価実施の負荷 ・教員活動への改善効果が出ないという課題はない ・達成度を上げるために目標が低く設定される ・研究者の理解、協力、納得

これら文部科学省の大学教員個人の評価制度には多くの問題点があり、それらが本当に社会に役立つ方法なのかどうかの判定には、もう少し時間がかかりそうである（このアンケートは大学教員個々人に対するアンケートではなく、大学という法人に対するアンケートである点にも問題が残る）。

図I-5-3でも明らかなように、今日、大学や研究所などに所属する科学者の主な評価基準は、査読論文を何篇発表したかに置かれている。理工系では著書はほとんど評価の対象にはならない。専門が細かく分化された今日、研究論文の内容を正確に把握できるのは、限られた近い専門分野の人達に限られるから、そのような人を選び、複数の（二人が多い）専門家の査読によるピュアレビュー（同僚評価）によってその論文の採用・不採用や、正確度の向上、読みやすさの向上などを図っており、査読論文の数が教員の個人評価の主な対象となっている。そのほか、論文が引用された回数（インパクト・ファクターと呼ばれるが、その調査機関が西欧で行われるため、日本文のみで書かれた論文

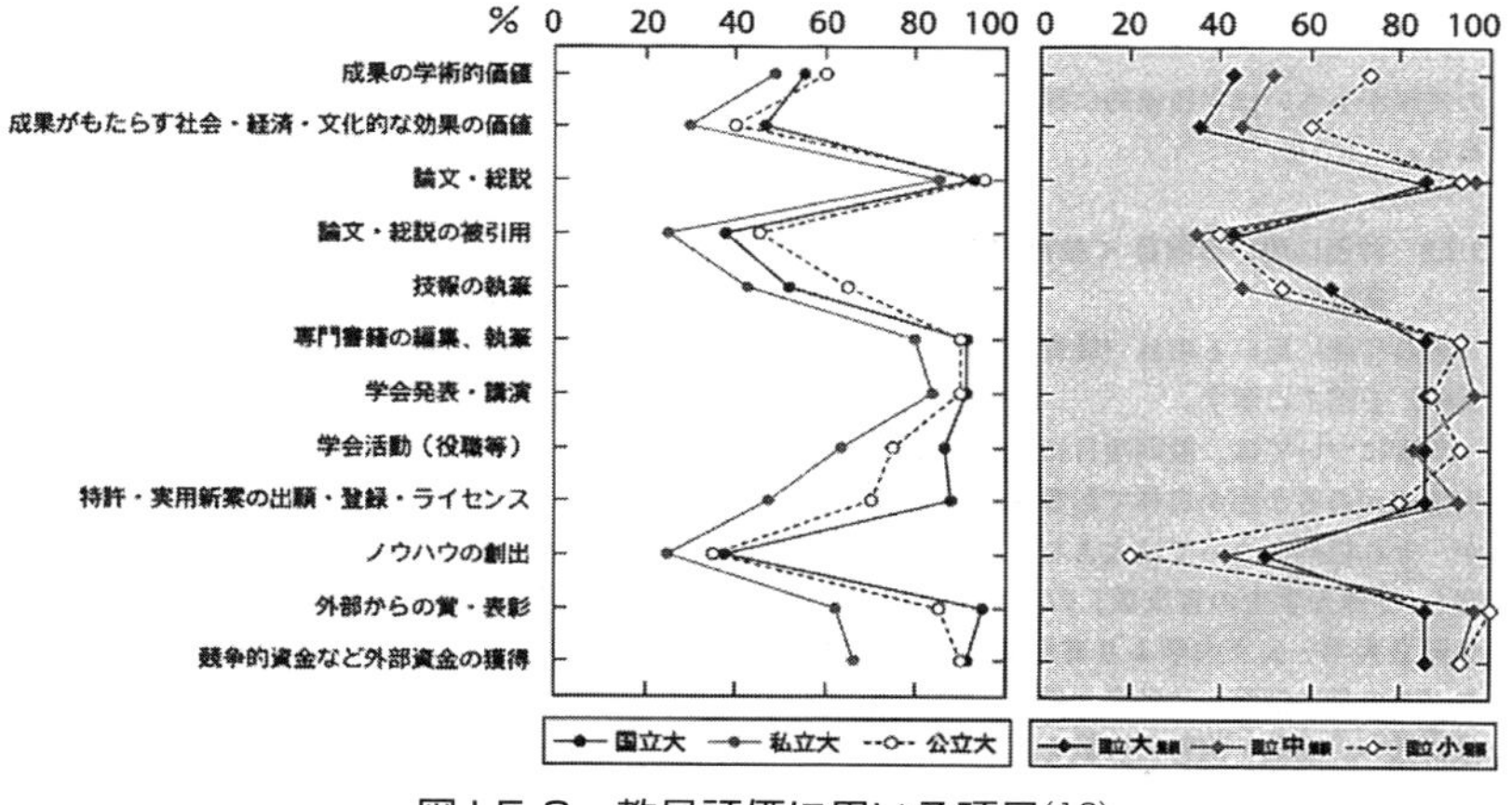

図I-5-3　教員評価に用いる項目(12)

の場合、対象とされないことが多い）(註7)や、賞を受賞された数なども、評価に加えられている。しかし、論文の数がやたらと増えた現在、社会に重要性が認知されるような「新発見」でないとなかなか世間では評価されなくなっている。とくに、野外科学諸分野のように「新発見」などきわめて少なく、現地を観察し実態を記録するという事実の集積が防災上重要であるにもかかわらず、社会ではほとんど評価されずに無視されているように思われる。基本的に文部科学省にそういう〝目〟（認識）がきわめて低いからだ。

要するに、教員や研究者の評価基準を大きく変えない限り、日本の国土保全に関わる研究やその分野での技術の向上は望めないだろう。

五．七　わが国の科学技術推進の舵取り　——科学技術基本計画——

平成七年（一九九五）に「科学技術基本法」が制定され、翌年「科学技術基本計画」が策定されて、長期的視野に立って、体系的かつ一貫した科学技術政策を実施することにして、第一期（平成八〜十二年度）、第二期（平成十三〜十七年度）、第三期（平成十八〜二二年度）と続き、現在第四期（平成二三〜二八年度）の基本計画に沿って、わが国の科学技術政策が進められている。

（註7）現在は毎年トムソン・ロイター（旧：Institute for Scientific Information (ISI)）の引用文献データベース Web of Science に収録されるデータを元に算出している。対象となる雑誌は、自然科学五九〇〇誌、社会科学一七〇〇誌である（ウィキペディアによる）。

第三期までに多くの成果が上がった一方、次の課題が顕在化している(16)。

i　個々の成果が社会的課題の達成に必ずしも結びついていない。

ii　論文の占有率の低下、論文被引用度の国際順位の低水準。

iii　政府投資は増加傾向にあるものの、伸び悩んでいる。

iv　若手ポストの減少、施設・設備の維持管理に支障。

v　科学技術に対する国民の理解が必ずしも得られていない。

第四期のⅢ「わが国が直面する重要な課題への対応」として、次の五つの施策があげられている。

イ　安全かつ豊かで質の高い国民生活の実現。

ロ　わが国の産業競争力の強化。

ハ　地球規模の問題解決への貢献。

ニ　国家存立の基盤の充実・強化。

ホ　科学技術の共通基盤の充実・強化。

さらに、Ⅴとして「基礎研究および人材育成の強化」が挙げ

Ⅳ．基礎研究及び人材育成の強化

1．基本方針

重要課題対応とともに「車の両輪として、基礎基礎研究及び人材育成を推進するための取組を強化

2．基礎研究の抜本的強化

(1)独創的で多様な基礎研究の強化
(科学研究費助成金の一層の拡充等)

(2)世界トップレベルの基礎研究の強化
(研究重点型大学群の形成、世界トップレベルの拠点形成等)

3．科学技術を担う人材の育成

(1)多様な場で活躍できる人材の育成
①大学院教育の抜本的強化
(産学間対話の場の創設、大学院教育振興施策要綱の策定等)
②博士課程における進学支援及びキャリアパスの多様化
③技術者の養成及び能力開発

(2)独創的で優れた研究者の養成
①構成で透明性の高い評価制度の構築
②研究者のキャリアパスの整備
③女性研究者の活躍の推進

(3)次代を担う人材の育成

4．国際水準の研究環境及び基盤の形成

(1)大学及び公的研究機関における研究開発環境の整備
①大学の施設及び設備の整備
②先端研究施設及び設備の整備、共用促進

(2)知的基盤の整備

(3)研究情報基盤の整備

図Ⅰ-5-5　基礎研究および人材育成の強化(15)

られている（図Ⅰ–5–5）。

これ等を見ても、次の諸点に対する筆者の疑問は、まだ解決されない。

i　国は、どういう分野の研究を高く評価しているのか？　その評価は何に基づくのか？

ii　つまり、iを実施するためにどういう方法を取っているのか？　単に、社会の表面的な〝声〟だけではだめではないか？

iii　なぜなら、現在、社会の一般公衆の認識レベル自体が、分野別の評価をするだけに十分に高いとは言えないからである（それは過去の文部科学省の教育システムの弊害の影響が大きい）。

文部科学省もこの「科学技術基本計画」に沿って年々の基本政策を策定しているわけだから、根本は国の科学技術政策を改める必要があろう。だが、政策策定の中核をなすのは文部科学省であるから、やはり文部科学省が一番問題なのである。

五．八　大学教育の「企業化」が国の行く末を危うくする

大学にはもともと次の三つの大きな機能がある。

i　研究（文化の担い手）機能――人類の思想や文化遺産を、批判的に継承発展させること。

ii　人材の養成（専門教育）機能――専門的な技術と理論を継承し、それを通じて専門家を養成すること。

iii　教養人の養成（一般教育）機能―より広い基礎教育を通じて国民の教養を涵養し、市民性を形成すること。

これらの機能は、大学への進学率の増加とともに拡大されてきた歴史があり、進学率が一五％までが「エリート教育」、一五〜四〇％が「マス（大衆）化」、四〇％を超えると「ユニバーサル（普遍）化」という風に、社会における大学の位置づけが変わり、それに応じて大学の役割も変化してきている(13)。

だが、日本を含めて先進国は大学の普遍化の時代に入り、大学の乱立が目立つようになると、次の「第四の機能」に着目されるようになった。それは、大学教員は曲がりなりにもエリートであり、建前でも研究を行っている（ことになっている）。大学がその成果を「知的財産」として売り込む「企業化への道」へと進みつつあることだ。このため、教員にも企業なみの成果主義が取り入れられ、外部資金が獲得できない教員はお払い箱になる危険が迫っている。かつてのようにじっくりアイディアを練り、大きな花を咲かせようとする地道な研究（ノーベル賞受賞者にはこのタイプが多い）は、もはや大学にはなくなりそうである。基礎的な科学や人文的な学問はもはやお呼びでない風潮なのだ(13)。

文部科学省は二〇一五年五月に同省の「国立大学法人評価委員会」の議論を受けて、国立大学の組織改革案として「教員養成系、人文科学系の廃止や転換」を各大学へ通達した。この通達は素直に読むと、**「国立大学は文系を廃止して、理系への転換を促している」**と読める(註8)。ところがこの記事の中で、文部科学省の担当者は「今回の通達は文系学部の廃止や理系への転換を提案しているのではない。先に示された役割に基づいて、改革してほしいだけだ」と語っているが、これはどういうことなのか？

上記の通達は目先のことのみに目を向けた、ほとんど大学で培われるべき教養そのものの否定である。大学は専門的な知識そのものを学ぶだけでなく、それらの使い方を正しく導く教養を身につけること、すなわち「人間とは何か」とか「人間はどうあるべきか」「社会はどうあるべきか」「科学技術はどうあるべきか」などなど……人間や社会の基本的なことを考え、「物事を包括的に見る見方」や「一般教養」を身につけるのは大学の重要な部分であり、文系の教育はその重要な部分を占めている。ところが上記のような文部科学省の通達は、最近目立つ「一般教養」のない国のトップレベルの人による発想としか考えられない。ここにも、物事を深く考えない文部科学省の大きな問題点がある。

その時々の政権の意思と経済的な利害で大学が規制され、**とくに物事を広く深く考え、人間や社会の在り方の根本を考える人文科学的な部分をないがしろにする政策は、知的営為の否定であり、国の存亡を危うくする行為である。**知能の中枢であるべき文部科学省は、そのことを深くは考えないのだろうか？　もはやそういう「考えない」省庁に成り下がっているのだろうか？


（註8）日本学術会議も、このことに異議を唱えている（二〇一五年七月二二日　NHK　ニュースによる）

第六節　私たち専門職はどうあるべきか

以上のような国の政策や文部科学省のやり方を批判し問題点を指摘する以上、私たち地形地質や治山・砂防などにかかわる野外科学を主とする現場の科学技術者、もっと言えば、防災に関わる専門職はまず、自分たちの足元を堅固で磐石なものにせねばならないと思っている。そのためにはどうあるべきか？

六．一　専門職とは

プロ（専門職）というとわが国では「すばらしく優秀な技術を持った人」の意味だけに使われがちだが、オックスフォード・ショーター辞典によると〝profession〟のもともとの意味は、技術的な優秀さはもちろんのこと、**「倫理観と使命感」をもった他とは違った特異な職業であること**、を意味する。英米法辞典によると、専門職というのは「僧侶・医者・学者・技術者・教師・芸術家など、高度な職業に属する者」とある。そのほかに、弁護士・獣医・歯科医・カウンセラー・建築家・会計士（公認会計士）なども専門職と言える。〝profession〟の形容詞〝公言した（professed）〟のもともとの意味は、修道院に入った高いモラルを持ち、理想に忠実でごまかしのない生き方をすることを公衆に約束した人のことを意味した。

このような**専門職**は、普通の職業（occupation）とは本来区別すべきもので、それは、主として次の理由からである。

i　**その第一**は、専門職となるにはある一定レベル以上の高い知識を得たうえで、さらにかなりの期間の訓練を必要とする。一般的には専門とする大学の学士号を持ち、その分野で一定期間専門的な訓練（実務経験）を積んだ人のことである。わが国の「技術士」(professional engineer）は、そういう資質があることを国家が公的に認めた資格と言える。

ii　**第二**は、専門職は専門領域での技術サービス提供に、他の職業の人にはできない高度なもの（知識・技量・経験・倫理観・プロジェクトのマネジメントなど）を持っている点である。技術士の称号に「技術士：建設部門」とか「技術士：応用理学部門」などと記すように定められているのは、その専門領域に関しては、他の専門領域の人とは違う高いレベルの技術を持っていることを公認・公表するためだ。この称号のない職業の人が、その技術領域でコンサルタント業を開業したりプロジェクト遂行上の責任ある立場を勤めたりはできない。

これらのことを建設コンサルタンツ協会の『建設コンサルタント技術者の倫理』は、「専門とするサービスの提供」の条項で、次のように述べている。

イ　自分の専門とする技術領域と資格を明示し、それに合致していると確信する業務のみを遂行する。

ロ　依頼を受けた業務に対しては、専門とする技術的な応用能力に立脚した調査分析を行い、科学的な倫理性をもって最善の提案を行う。

ハ　署名（技術報告書などの署名：筆者注）は、自らが改革・設計・監督・管理した業務に対してのみ行う。

iii　**第三は**、専門職は依頼者（クライアント）を選ぶ自由があたえられている点である。専門職は責任遂行に当たって高度な個人的判断と創造性を行使するもので、これらは、高い技術があってはじめて発揮できる。その際、自由がなくては公正な判断や創造性は発揮できない。逆に言うと、専門職の業務は自由がある反面、それだけの責任を伴うということだ。

iv　**第四に**、専門職は、あらゆる倫理基準によって規制されている。その基準は法令以外には、「倫理規定」や「倫理規範」などと表現されている。専門職は法令や倫理規定に表現されなくても、「倫理にのっとったふるまい」が常に求められるのである。

六．二　専門職としての立場

建設関連コンサルタントの場合、まだ弁護士や医者ほどの高い社会的認知を得ていない。それは、わが国における建設関連コンサルタントの歴史の浅さや、過去の業務実態に原因している。従前（特に高度経済成長期以前）は、お上（役所）から与えられた仕事を単に指示されたやり方で実施したのが実態であった。建設関連の専門職が今後社会的に認知されるには、①高度で質の高い技術力と、②

倫理規定にのっとった業務の遂行、そして③社会的評価に値する実績の積み重ねを必要とする。
私たち専門職一人ひとりは、自己の専門職が社会の公正な評価・認識を得るためには、次のことを社会にアピールし、実行していくことが大切である。

i　専門分野の技術サービスの重要性を自ら認識し、実行すること。

ii　サービスの提供に際しては他からの特定の規制を受けることなく、また、自己を十分にコントロールできること。

iii　その上に立って、専門職に値する名誉と地位、そして適切な（他の一般的な職業以上の）生計を営むに値する《対価》を得る権利があることを認識すること。

iv　自分の業務遂行のためには、他人に圧力を掛けないことはもちろん、他からの特定の圧力を一切受けないし、自分としても一切の圧力に屈しない意志の強さと自制心を持つこと。

専門職についての認識のない人はこれ等の事実を認めようとしないかもしれないが、建設関連専門職は、自分自身の経済的利害のために働くのではないと確信できる。

イ　公衆が専門職に期待している技術サービスの方向が何であるかをよく説明し、私たちはどういう階層の人々に対しても、また、どういう立場か（たとえば裁判で訴える側と訴えられる側の立場の違いなど）を問わずに、公正に技術サービスを提供する責任を持っていること。

ロ　専門職は必要に応じて高い技術的対価を求めたとしても、それを正当化するだけの価値があること。

ハ　弁護士と同様に、専門職は公衆の利害関係にあわせて自己を公正に処するだけの自制心を持っていること（つまり、自分の経済的な利害関係に支配されて、公正さを失するようでは困るということ）。

要がある。

六．二．一　専門職としてのサービス

コンサルタント業は「サービス業」である。そのサービスに際して私たちは、次の点に留意する必要がある。

i　一般公衆（エンドユーザ：国民）の幸福が、直接的または間接的に専門職の専門的な能力の領域に関係する場合には、専門職として積極的にサービスする必要がある（註9）。

ii　的確な技術サービスをするために、その専門職としての能力向上や保持・継続に精進する義務がある。社会は刻々変化していく。私たちの専門技術もそれに十分対応できるように変わっていく必要がある。そのためには、専門家といえども継続的な勉強（ＣＰＤ（註10））が不可欠だ。それぞれの分野でＣＰＤプログラムが模索・実施されていることは周知のとおりである。このことを建設コンサルタンツ協会は『建設コンサルタント技術者の倫理』の「自己研鑽」の条項で、次のように述べている。

a　自己の専門能力の向上に向け、生涯学習を実施する。

b　実務に携わって後進の指導に励みつつ、自己の専門とする技術の持続・発展に努める。

c　進んで他の専門家との技術交流に努める。

d　公衆の福利が、たとえ自己の利害関係（経済的な利害関係を含む）と相反する場合であっ

ても、公正に技術サービスを提供する必要がある（註11）。

六．二．二　専門職としての自己コントロール

私たちは自己を厳しく律して、倫理的行動でも高いレベルにあるように自己をコントロールし、自分の義務を果たす必要がある。この点を米国のＮＳＰＥの規定は、次のように記している。

i　「専門職の責務」の一番目の規定で、「技術者は、その専門職関係のすべてにおいて、誠実性の最高の基準を遵しるべとするよう」要求している。

ii　同じく二番目の規則では、「依頼者（クライアント）または雇用者が、自分に専門職らしくない行動を強要したら」技術者は「正当な権限がある者に通知し、そのプロジェクトについて、それ以上のサービスから引き上げる」べきことを示している。

iii　同じく三番目の規定は「技術者は専門職の信用を落とし、または公衆を欺くようなすべての行動または実務を回避する」ことを規定している。

（註9）ＮＳＰＥ（全米プロフェッショナルエンジニア協会）・技術者のための倫理規定の「実務の原則」二番目は「技術者はその有能な領域のみでサービスを行う」としている。

（註10）ＣＰＤ：継続学習（Continuing Professional Development）

（註11）ＮＳＰＥ：技術上のための倫理規定の「専門職の責務」では、「技術者はいつでも公衆の利害関係に役立つよう努力する」としている。

六・二・三　専門職として自由が求められている理由

専門職は、専門技術領域のサービスに際しては厳しい自己規制が求められるが、それと引き換えに、次のような自由を享受することができる。

i　自分が誰のためにサービスするかを選ぶ自由

ii　専門的な職業上の基準以外では、いかなる干渉も受けないで行動する自由

NSPE規定のⅡ・Ⅰaの項には、技術者は「専門職としての判断が、公衆の安全や健康・財産または福利が危険にさらされる事情の下で覆される」場合は、「雇用者または依頼者およびそのほかの適当と思われる権限ある者に通知する」として、専門職であるプロフェッショナルエンジニアの判断の独自性に配慮している。

このように専門職は、高レベルの個人的な判断や創造性を発揮するために他からの規制を受けない自由が必要だし、また、基本的にそういう立場に置かれているのである。

第七節　技術者の責任

技術者は倫理上、①誠実さと②公正さ、それと③責任の三つが重要である。紙数の関係上ここではこの中の技術者の責任についてのみ記す。

七．一　誰に対する責任か

私たちは多くの場合、クライアント〈顧客：多くの場合、役所〉から仕事を請けて実施している。だから、**直接的にはクライアントに対する業務上の責任**がある。ところが、これ等クライアントは、一般公衆であるエンドユーザ〈国民〉の要請を受けて事業を実施している。だから私たちは、**最終的には一般公衆（エンドユーザ）に対する業務上の責任**があると考えるべきである（図I―7―1）。

したがって、責任の遂行は私たちの社会における信頼性の確保につながるし、逆に責任の不履行は信頼性の低下（不信）につながる。信頼・不信いずれであろうと基本的には私たち個人の問題であるが、社会的に見るとそれは一個人の問題にとどまらず、個人の所属している企業〈組織〉、さらには、所属している専門職域や技術士・測量士といった資格の信・不信につながることを肝に銘じる必要がある。このことは二〇〇五年十一月に起きた姉歯秀次元一級建築士事務所によるアパート等の〈構造計算書偽造事件〉の結末を見れば明らかである。

技術者の責任とは、一口に言えば、エンドユーザ〈国民〉

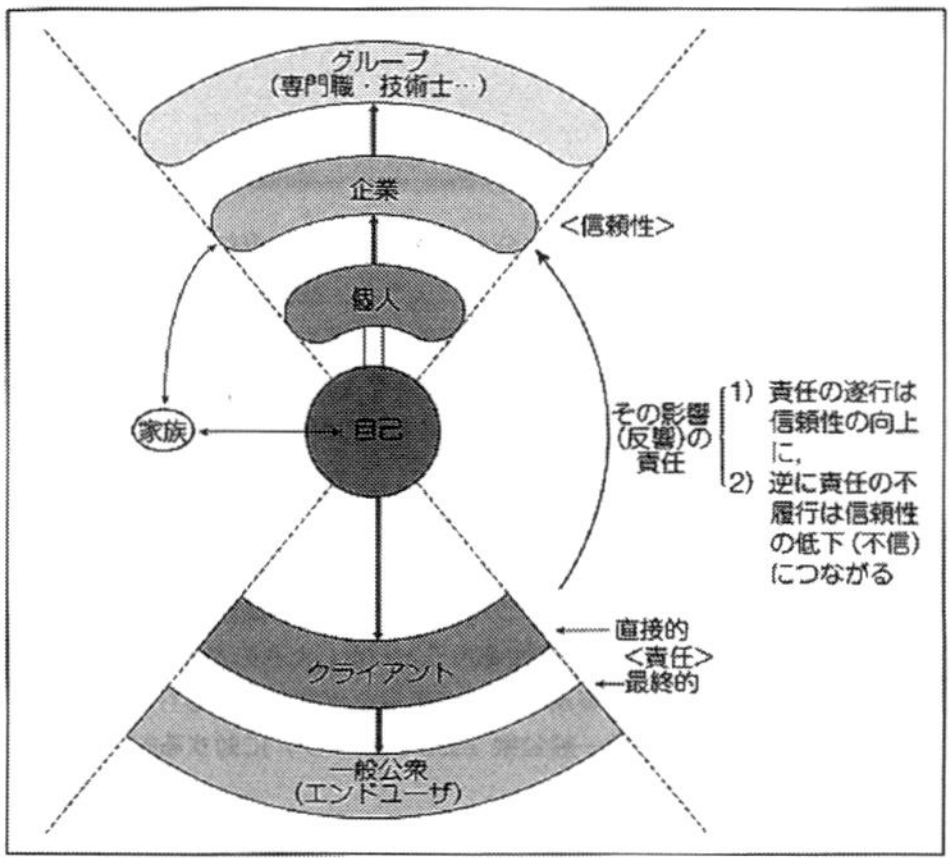

図I-7-1　誰に対する責任か？
――責任対象についての考え方(8)――

を念頭に置きつつ、雇用者または依頼者（クライアント）のための倫理規定を遵守して、業務の所期の目的を達成することである。その業務遂行上の責任の内訳は、①一つひとつの業務遂行上の責任、②その中でのプロ（専門職）としての責任、③法的責任、④道徳上の責任の四つに大別できる（図Ⅰ–7–2）。

七．一．一　業務上の責任

一つひとつの業務（プロジェクト）遂行上は、次のことをきちんと守ることが求められる（図Ⅰ–7–3）。

i　クライアントから依頼された業務を、指示された質的レベル以上で実施する（品質）。

ii　依頼者が要求する品質を持った成果品（製品）を、所定の期日までに納める（納期）。

iii　作業方法や段取りを効率化し、生産時間を短縮して計画生産原価を守る（コスト）。

iv　安全管理を徹底して、業務を問題なく安全理に終える（安全性）。

プロジェクト遂行の全責任は管理技術者が負うが、業務の各

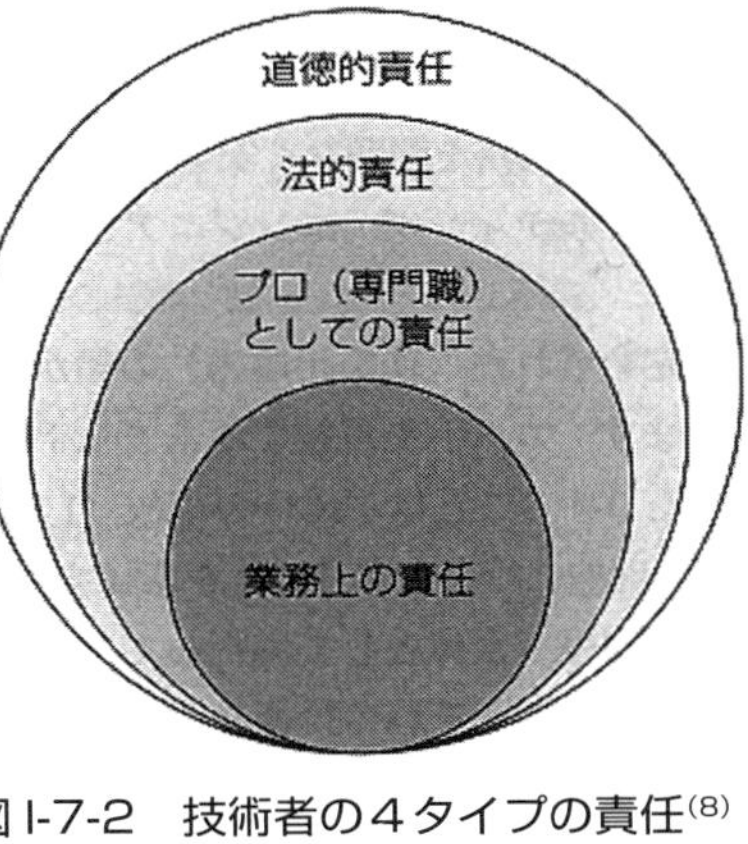

図 I-7-2　技術者の４タイプの責任(8)

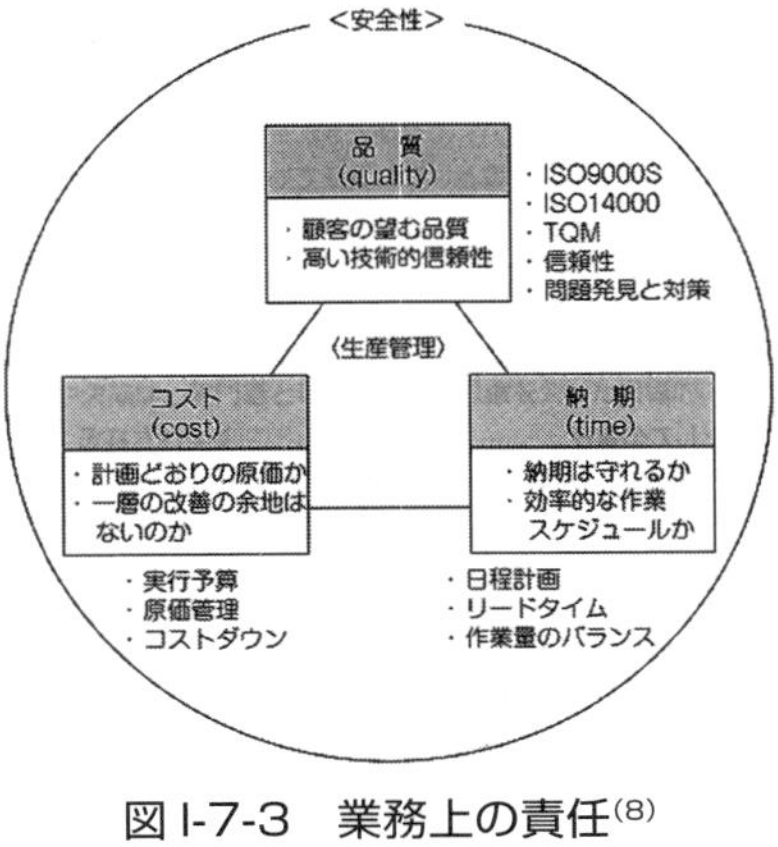

図 I-7-3　業務上の責任(8)

部分はすべての関係技術者が〈業務上の責任〉として、着実に実施していく必要がある。つまり、業務上の責任とは、個々人が自分に課せられた業務分担部分をきちんと遂行することが基本であり、そのことによって管理技術者のもとで前述したⅰ～ⅳが達成される。業務上の自分の役割をきちんと果たすことは専門職としての責任であり、道徳的責任・義務でもある。

七．一．二　プロとしての責任

私はプロの条件として、次のようなことが大事だと思っている。

ⅰ　専門的な知識があって、素人が驚嘆するほど仕事が巧く（高いレベルで）早くできる。
ⅱ　その分野と関連分野の知識・動向を周知している。
ⅲ　プロとしての誇りと独自の価値観を持っている。
ⅳ　その仕事で金を稼げる（社会に認められている）。
ⅴ　市場を見る力――マーケットインの思想――がある。
ⅵ　精神力は強く、自己に厳しい（自己を厳しく律することができる）。
ⅶ　強い倫理観がある。

プロ（profession：専門職）は、安全で質の高い専門的な調査や計画・設計・施工などをするために、自分の観察力や判断力・技術力などを最大限に働かせて、分別をもって専門業務を実施するのが仕事である。社会もそういう専門職を期待している。つまりプロの第一条件は、高度な専門知識や専門技術を習得し、それにもとづく実務経験を積んでいることである。

その上に立って専門職は、専門分野の知識や技術上の経験をフルに利用して、それぞれの専門分野で社会貢献をする道徳的責任を担っている。そこでは、質の高いしかも安全性や景観・環境・資源の循環などの面で、一般の人には考えが及ばないところまで配慮する幅広い見識と的確な判断力や分別、それにもとづく行動が求められる。逆に、業務上の間違いや欠陥は、専門職としては怠慢で思慮を欠いた道徳的にも非難されるべき行為とみなされる。

専門職は、それぞれの専門とする分野のプロジェクトで必要とする業務のすべてを、自分自身でやらねばならないわけではない。医者がレントゲン技師や血液検査技師など多くの検査技師の検査結果を加味して、総合的に患者の病状や健康状態を判断するように、どういう分野であろうと専門職としてのコンサルティング・エンジニアは各種の調査技師や計測技術者、システムエンジニア、トレーサ……といった、他の技術者・技能者の協力を得ながら、その目的を達成していくものである。

ただし、法的にもそのプロジェクトの本質的な部分や全体のマネジメントなどを外注することはできない。すなわち、

i　第一に、そのプロジェクトのために何をすべきかを計画して決め（実行計画）、

ii　その実行に要するすべての経費を積算・計画し（実行予算計画）、

iii　実行に際しては、計画通りに実行されるようにマネジメントする（プロジェクト・マネジメント）。

このように専門職はプロジェクト遂行上必要な**品質・コスト・工期（納期）**などを守る必要があり、管理技術者がその全責任を負っている。とりわけ、それぞれの専門分野にかかわる品質保証上の判断力や分別は、専門職として最も重要視される責任部分である。

七．一．三　法的責任

私たちが専門技術者として仕事をしていく場合、たとえば、①技術士法や特許法・著作権法などの法律を守っていく必要があるし、②プロジェクトの遂行上には、安全管理上の法を遵守する必要がある。このように、私たちが仕事をするうえでの法的責任は、次の二つの面で発生する。

ⅰ　道徳的責任が法的に認められ、強制される場合

ⅱ　業務上の責任が、法的に命じられる場合

多くの場合、〈法的責任〉も〈道徳上の責任〉も互いに関係があって、これらは前述した〈業務上の責任〉の遂行の仕方の上で問われるもので、その業務を遂行する個人やグループ全体の責任として問われる。

道徳的責任と法的責任を犯す根本には、①**故意**、②**未必の故意**、③**不注意**の三つのタイプがある。

（一）故意

業務実施に際して、意識的に違法なこともしくは非倫理的なことと承知の上で犯すことが「故意」である。

（二）未必の故意

業務実施に際して、「こうやれば多分（あるいは必ず）こうなるだろう」ということが実施する本人に前もって認識されていながら、それを無視して実施するのが「未必の故意」で、法的には「故意」と同じに扱われる。

（三）不注意

技術者の不注意から加えられる危害には、①実施する本人への危険（ボーリング中に、指を切断したなど）、②第三者に対する危険（道路わきに打った測量杭で、人が躓いてケガをしたなど）、③クライアントの対する危険（国有林の樹木を切ってしまったため、クライアントが「監督不行き届き」の責めを負うなど）３タイプがある。不注意で法を犯すことも違法に変わりはない。私たちは、**「不注意も非倫理的行為である」**こと、**「場合によっては違法行為である」**ことを肝に銘じておく必要がある。

七．一．四　道徳的責任

専門職は技術上の責任の範囲を超えて、「プロとしての責任」を守ることを暗黙のうちに公衆に約束している職業である。約束をした以上、その責任を果たすのが道徳的責任である。図Ｉ−７−２に示すように道徳的責任は「業務上の責任」の範囲にとどまらず、「プロとしての責任」よりさらに広い。たとえば、若い技術者には安全管理に関して業務上の責任はなくとも、道徳的には、①設計などのプロジェクトの内容面での〈安全性〉に配慮したり、②プロジェクト遂行上の現場での安全管理などは、当然配慮すべきである。

七．二　説明責任

プロジェクトを遂行するうえでの倫理観は、時代とともに変化してきている。特に二〇世紀後半から二一世紀になって大きく変わったのが、①専門職の説明責任と、②環境問題への配慮などを含む、**企業の社会的責任**の重要性である。

七.二.一　説明責任とは

医学の分野では一九七〇年代から患者は必要な説明や情報を医者から受けた上で、必要な治療や手術への同意――**よく知らされた上での同意（informed consent）**――を得るという手続きが、国際的に推進されてきた。患者は医者から自分の病名や病状・移行の必要検査や効果が期待されるいくつかの治療法についての利点と欠点、期待される効果と起こりうる危険性などの説明を受けた上で選択肢を与えられ、自分自身で比較検討できるだけの情報を提供してもらう〈**知る権利（the right to know）**〉がある。一方、医者には、患者が上記のようなことを理解し納得できるようにする〈**説明責任（accountability）**〉がある。インフォームド・コンセントの理法では、患者と医者の間にはこのようにまず、法律的な権利・義務の関係がある(8)。

〈アカウンタビリティ〉とは、わが国では「説明責任」と訳され、最近では政府の公共事業の説明にもよく使われるが、基本的にはこの概念は、〈政府や地方公共団体・企業などの組織であれ医者や弁護士のような個人であれ、①権限の行使や、②税金や資金の運用、③公共施設の建設などある行為の行使、④知識や技術の行使を委ねられたものが、それらを、a.どういう根拠にもとづき、b.どのように運用し、c.その結果どういう成果を挙げたか（あるいは成果を挙げると予想されるか）についで、相手（広くいうと公衆）が十分理解し自分で判断できるように、筋の通った説明をする義務を負う〈つまり責任がある〉こと〉と定義できる。

この「筋の通った説明」の中には、次の意味合いが含まれていると見るべきである。

i　前述した①〜④のような権利・義務などの行使が社会にとって合理的であること。

ii　公衆の利益や安全・健康・福祉といったことを考えた、道徳的・倫理的な大儀名分があること。

iii　iやiiの説明が誰にも分りやすく、論理的であること。

七．二．二　アカウンタビリティの要求の高まり

では、なぜ最近アカウンタビリティの必要性が強く叫ばれるようになったのか。

その**第一**は、一九九〇年代になって公共事業などの公的な施策は、国民の納得のうえに実施者と国民とが相互信頼のうえに、より質の高い社会資本の整備をして、質の高い社会の実現が求められるようになってきたこと。

第二に、情報化社会の到来とあいまって、社会の動向や国・地方公共団体あるいは各種公団等の瀬策方向などに関する情報に対して、国民は迅速により詳しく知りたいという意識が高くなっていること。

第三に、その根本には公衆の社会の動向に対する周知意識や、それを踏まえた参画意識が著しく高まったこと。

などがあげられる。

七．二．三　専門職としてのアカウンタビリティの必要性

専門職にも、次の理由から前述した医者や弁護士あるいは科学者などと同様に、今やアカウンタビリティが強く求められている。

第一に、建設関連の専門職が従事する、①道路・鉄道・橋梁・各種のインフラの整備や、②環境計画・環境保全、③資源の開発などの業務の多くが、公衆をエンドユーザの受益（これを公益と呼んでいる）を念頭に置いた業務だということ。

第二に、私たちが実施する業務は高度な科学技術を含む内容であって、その分野の知識も経験も乏しい一般公衆にとって、提示された内容や因果関係・調査結果の評価などは、簡単には理解できない面があること。

第三に、そういう状況であっても、事業の推進の可否や適否などには住民や市民など公衆としての意見や同意――いわゆる〈**よく知らされた上での同意（インフォームド・コンセント）**〉――が求められるのが現状であること。

こういう現在の社会実態を考えると、守秘義務違反や契約違反などには十分留意しつつも、実施した（あるいは実施している）業務の意味や手法・前提条件・技術的限界、さらには成果の内容や今後の対応方針などを、クライアントとともにいろいろな手法を用いて公衆に説明した上で業務遂行を納得してもらい、今後の事業の方向を公衆自身が自分で評価・判断できるようにする説明責任がある。そのことによって、公衆の同意を得て、社会での相互信頼を築いていくことが求められる。このことは、専門職として不可欠な、そして主要な道徳的・倫理的な責任である。

その際、公衆の信頼を得るためには、〈クライアント側からの情報の開示(disclosure)〉があるとともに、クライアントや専門職に、データや情報の隠蔽などの不誠実がないことも大切である。

七・三　企業の社会的責任

では私たち専門職が企業に所属している場合、企業としての社会的責任(Corporate Social Responsibility : CSR)とは何か。その結論を一言で言うなら、「企業の社会的責任とは、社会に貢献すること」であり、「企業の社会的貢献とは、基本的には本業の企業として社会に対する責任をきちんと果たすことである」と言うことができる(図I-7-4)。

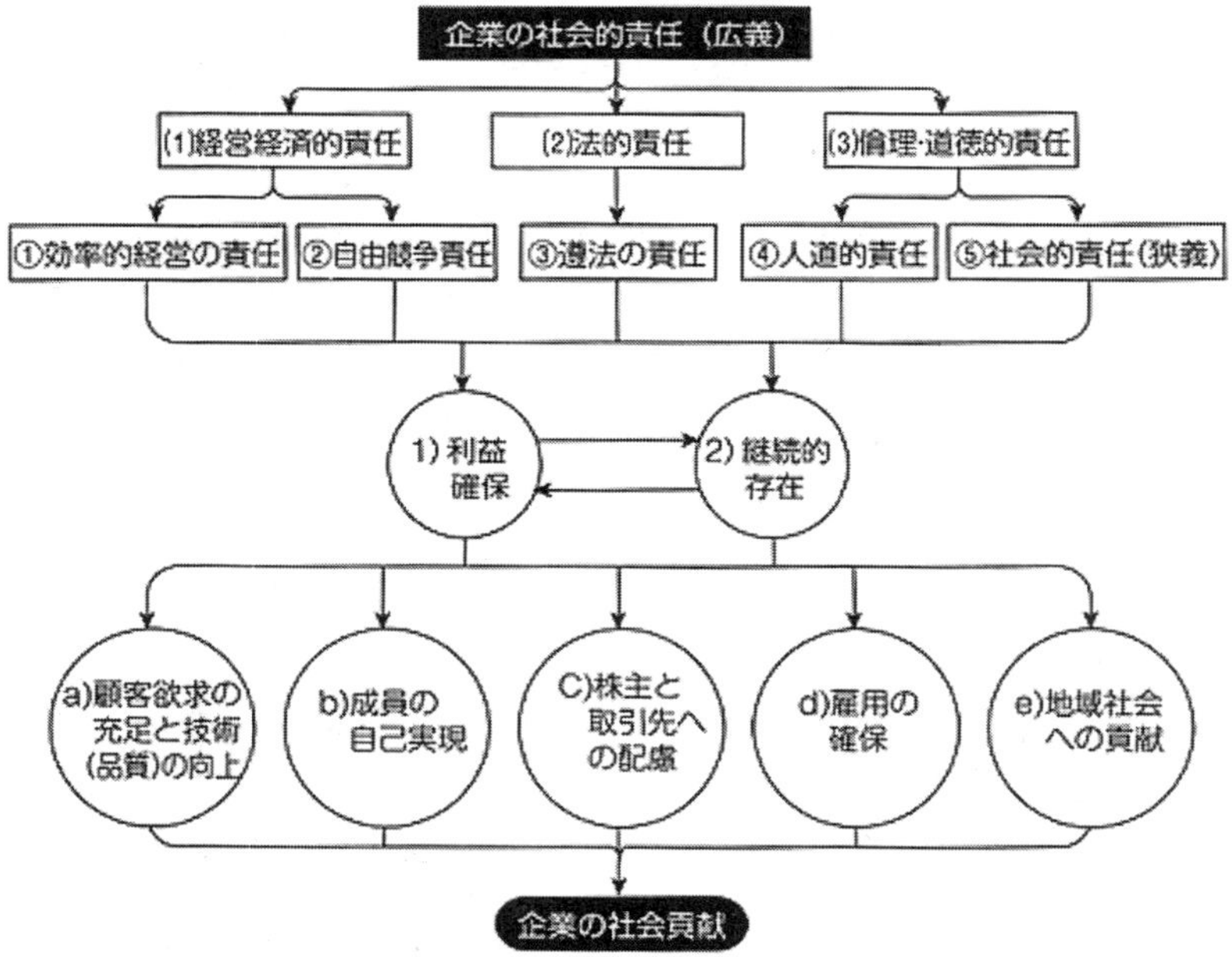

図I-7-4　企業の社会的責任と企業の社会貢献との関係図(8)

企業は大きく見ると、①経営経済的責任と、②法的責任、③倫理・道徳的責任の三つを担っている。①の経営経済的責任の内容は主として効率的な経営の責任と自由競争の責任に分かれ、②法的責任とは遵法の責任であり、③倫理・道徳的責任は、人道的責任と協議の社会的責任を含む。②は③の中に入れてもいいかもしれない。

企業は図I-7-4の①〜⑤を全うすることによって、1）利益の確保と、2）企業としての継続的存在を果たすことができる。1）と2）があってこそ、a　顧客の欲求の充足とそのための新技術の開発や技術（品質）の向上、b　成員の自己実現、c　株主と取引先への配慮、d　雇用の確保、e　地域社会への貢献もできるし、逆にこれらa〜eがあってはじめて企業としての、1）利益確保と、2）継続が実現できる。つまり1）・2）とa〜eとのあいだは相補関係にあり、a〜eを実現することが、広い意味での「企業貢献」である。

一方CSR、とりわけ「コンプライアンス経営」（遵法経営）の重要性が注目され、声高に叫ばれているのは周知の通りである。CSRは健全な企業活動の基盤となるもので、狭い意味でのCSRの第一歩は、労働条件や最低賃金の確保・男女平等・障害者との共生あるいは環境保全・環境規制などのコンプライアンス経営にある。企業は今やCRSに配慮しないと企業の信用を傷つけることになる危険性が高くなってきた。こういう状況下、CSR活動を企業経営の中核に位置づけていくことが大切になってきている。私たちは常に図I-7-4を念頭において、社会人として、また企業人・技術者個人としての行動に自らの価値観をおき、自分自身で日常の行動を厳しく律していくことが求められている。

七・四　啓蒙の責任

以上のような専門職（プロ）にはいろいろの責任があるが（註13）、その中でも最近筆者が痛切に感じているのは、「啓蒙の責任」（ある友人は啓発という用語のほうがいいと言っている）である。特に、

i　人の健康

ii　安全性

iii　自然災害や人為災害の実態と防災

などについての一般公衆に対する啓蒙の責任が、専門職にはある。それは次のような理由からだ。一般公衆は、①環境の及ぼす健康上の問題点や、②各種施設やある行為の安全上の問題点、あるいは③自然災害・人為災害のメカニズムや発災の因果関係についての知識に乏しい。また災害時には「異常時対応」が求められる。ところが、その対応方法を公衆は知らないか、知識に乏しい。したがって、上記i〜iiiなどに問題が起きたとき、①何が問題なのか、②それはどうして（なぜ）起こるのか、③発災上どういう因果関係があるか、④健康・安全や防災・減災のためにはどう対応したらよいかなどを、予備知識や事前の各種訓練などの形で啓蒙しておく必要がある。

地形地質の専門職（プロ）としてのこれまでを振り返ってみると、「啓蒙の責任」を軽んじてきたのではないか。多くの地形地質屋がこれまでにも啓蒙書の刊行や講習会などを通して一般公衆への啓蒙に努めてきたが、その努力がまだまだ足りないことが考えられる。「土石流」や「火砕流」といっ

た言葉自体は、マスコミを通じてすでに〝茶の間の言葉〟になっているが、それを減災する方法の啓蒙は著しく遅れている。その結果が住民の「無知さ」加減に現れているのではないか。災害をどう防ぐか、あるいはそれからどう逃れるかの正しい知識を与える啓蒙が不可欠である。その努力が、私たちにはまだ不足しているのではないか。その結果が、①行政の無理解・勉強不足、②一部の土地販売業や建て売り業者の無知、③多くの国民の防災上の無知などに現れている。つまり、次のようなことが大切である。

a　技術者各人が防災上の知識を広く国民に知らしめる「啓蒙の責任」があるという認識を持つこと。

b　一般公衆への土地の危険性（安全性）のアピールを実践すること。

c　その実践には、効果の大きい方法を取り入れることが大切ではないか。国さえも動かすようなアピールが不可欠である（本書の執筆もその一環だと思っている）。

（註13）詳しくは拙著『技術と倫理』(8) PP.53—77を参照のこと。

第八節　技術レベルが低いのは非倫理的だ

八・一　専門職の技術の構成

「無資格」での専門業務の遂行は犯罪で、倫理云々以前の問題である。では、それぞれの専門分野で最低の資格を取得していれば一人の技術者として問題はないかといえば、決してそうではない。私がここで主張したいのは、資格の有無に関わらず「技術レベルが低いことは、非倫理的なこと」に通じるという点である。

では、「専門職としての技術力」とは何か。私は次の点であろうと考えている（図I―8―1）。

i　専門とする技術についての知識や能力・経験の高さ

ii　その技術が社会にもたらす影響についての科学的な理解の有無

iii　専門技術の行使に関する法令関係の知識の有無

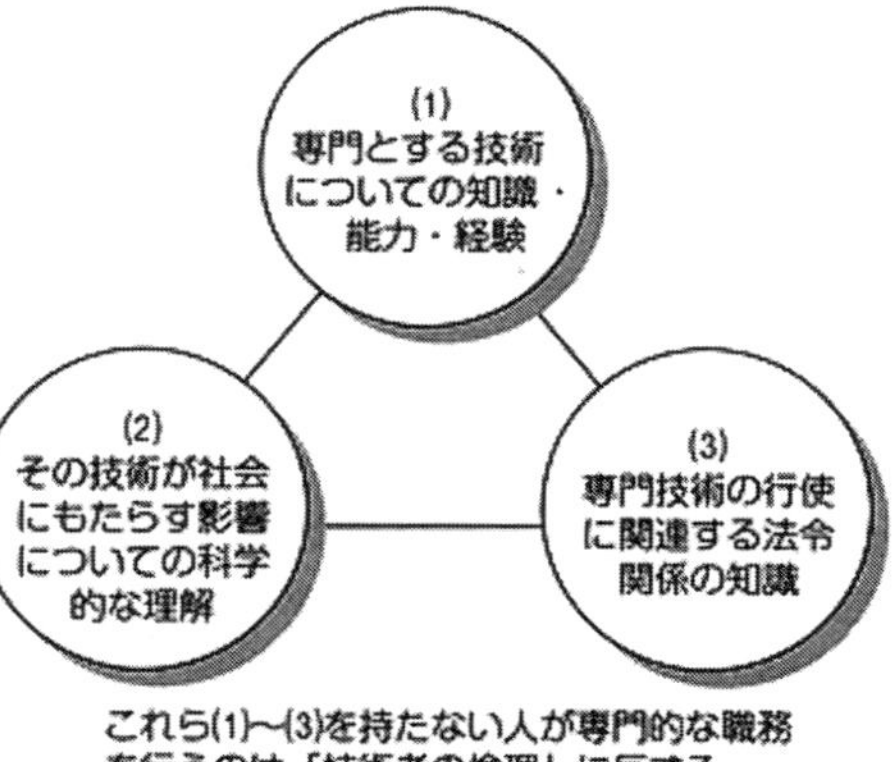

図I-8-1　専門職の技術の構成(7)

もっと基本的なことを言えば、自分たちの専門技術は「公衆の安全や健康・福祉に用いるためにある」という認識を持っていることが重要である。

では、私たちがこれら三つを主な柱とする専門職として技術力を発揮する際、犯しやすい業務上の間違いはどういう過程で発生するのか。それは、一言で言うなら、私たちの「思考上の判断」の間違いから派生すると言える。

八・二　思考上の間違いの所在

私たちが何も考えず（つまり認識せず）意識もしなければ、なんら誤りは生まれない。すべての誤りの発生原因は、私たちの思考過程の中にある。この間のことをデカルトは『哲学原理』(3)で、次のように述べている。

【誤りは知性よりむしろ意志に依存すること、また誤りはそれが生ずるため、神に実的な協力を必要とするような事物ではなくて、神に関しては単なる否定であり、我々に関しては欠如であるということである。】

私たちは日常生活では常に感官を通して何かを認識し、それをもとに意識し、判断のうえで行動する。この過程を分けると、①私たちが思考対象とする素材（対象：客体）の存在と、②私たちの認識段階、③意識段階に分けられ、このうち①は私たちが認識の対象とする客体だから、私たち自身に属するのは、②と③ということになる。

八・二・一　素材のもつ誤り

フランスの哲学者アランは、著書『デカルト』(1)の中で、味わいのあることを述べている。

【われわれはしばしば、余り信じすぎることによって誤るということがある。けれども、別の意味では、そしてより適切に疑うことをあえてせぬものは、十分に信じることができぬということができる。】

私たちがコンサルティング行為を行う際、認識の素材（材料：対象など）にする〝もの〟や〝こと〟の中には、すでに誤りが伏在することがある。自然には〝誤り〟はありえないかもしれない。「あるがまま」なのが「自然」だからだ。しかし、人間が関与した〝もの〟や〝こと〟には大なり小なり誤りが含まれている。自然に人間が関与したことによる外来種の分布のように、「誤れる自然」になっていることも十分に考えられる。しかし、「人が関与した結果」という現在の状況は、それはそれであるがままであるから、それもまた「自然」と考えることができる場合もある。だが、普通、人間が関与した〝もの〟や〝こと〟には、誤りが含まれていることが多々あるものだ。つまり、ものを考える際にはアランの言葉のように、私たちが認識の対象とする本当の「自然」以外の素材は、「すべて誤りを含んでいる可能性がある」という前提の認識が、常に必要である。

八・二・二 認識段階の誤り

私たちは対象を感官（五感＋第六感）を通して「刺激」として受け入れ、外界（対象）の存在を認識する。認識のはじめの段階は、図I−8−2に示すように、感官を通して得られた対象の表象を、個々ばらばらに認識する「**個別的認識段階**」である。さらに、次のステップとしてこれ等をもとに帰納的な思惟や演繹的な思惟によって、あるまとまりのある認識や「**普遍的な認識段階**」の高みへと進む。これが私たちの一般的な認識のあり方であって、「**普遍化**」とも言えよう。

「個別的認識段階」での誤りや不十分さは恐らく観察不足や観る力の不足など、感知力の不足から生じる。この認識段階には、①感官の鋭敏さ（センシティブかどうか）、②経験を通して得られた既存知識の蓄積の量、③感知の際に本人に対象に対する問題意識があるかどう

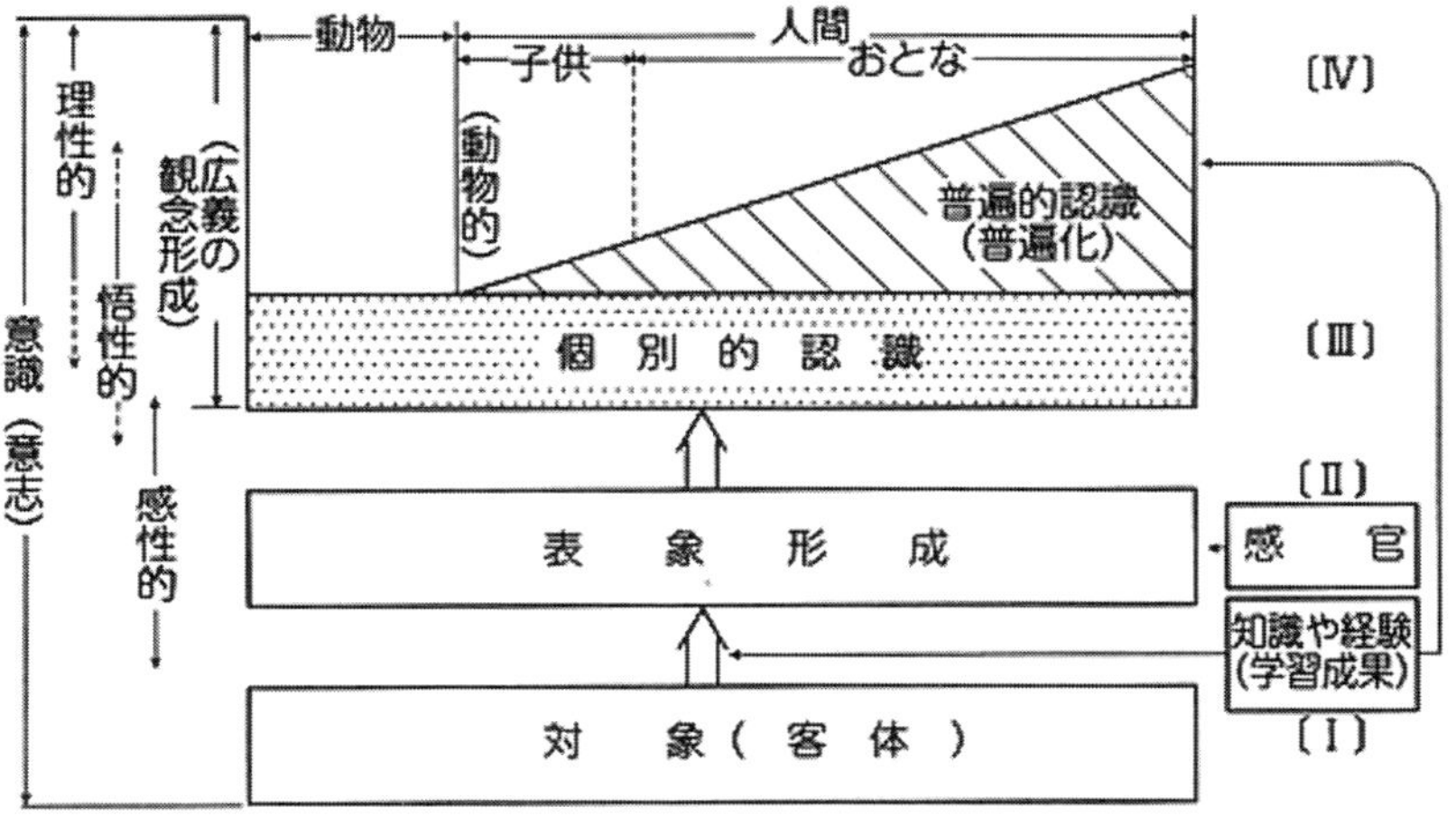

図 I-8-2 個別的認識と普遍的認識(7)

か、などが大きく効いてくる。「問題意識」とは、対象に対する「興味」とか「好奇心」などを含んだ、私たちの対象に対する関心のありようの総体である。この点をアメリカの社会心理学者エーリッヒ・フロムは『疑惑と行動』(4)の中で、次のように述べている。

【興味を伴わない偶然な観察から、重要な知識を得ることは稀である。知性によって提出せられる疑問は、すべて我々が持つ興味によって動かされている。知識と対立しないこのような興味こそ、知識を得る条件である。そして理性を伴った興味を持つことは、物をあるがままに見る能力を持たせるし、物を『あるがままにさせる』のである。】

　コンサルティング行為（図I-8-3）のうち、（I）の情報収集段階では、コンサルティング対象を素材とした、この「認識段階」がとりわけ重要である。もちろんこの段階の中でも恐らく①素材→②認識段階→③意識段階という認識のサイクルはたびたび繰り返されようが、その中でもとりわけ②が重要になる。

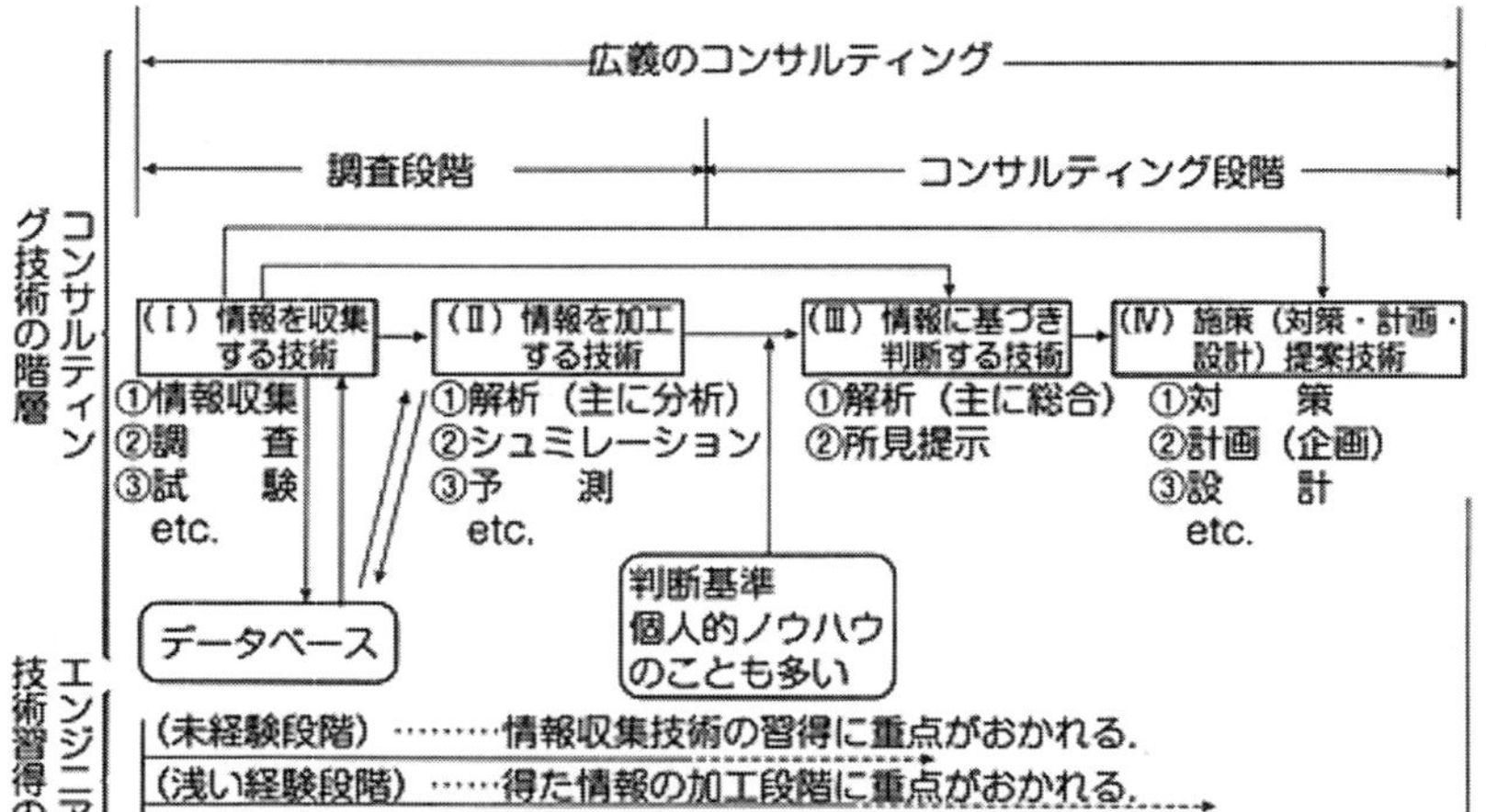

図I-8-3　コンサルティング行為（調査計画分野）の過程(7)

そして素材を通して次のステップである意識段階での判断材料となる知識（事実）を、素材（材料）や現地からいかに数多く見出し得るかが、この認識段階での重要なポイントであり、それが個人の能力である。

認識段階で最も大切なことは、①素材から「何か」を読み取ること・感じ取ることであるが、もうひとつ極めて大切なことは、それを踏まえた「有か無か」とか「善か悪か」といった、「一方が正しければ他方は誤っている」といった二者択一的な単純な考え方（悟性的な思惟）だけではなく、もうひとつレベルが上の「有でもあり、無でもありうる」とか「善ではあるが、それが悪でもある」といった理性的思惟をめぐらすことである。その際、「どちらが正しく、どちらが誤りである」といった有限の思惟に終らずに、もっと無限に近い思惟をめぐらすことが重要なのだ。私たちが陥りやすい「若さから来る考え方の狭さや浅はかさ」の多くが、ここにある。

このような①・②いずれも「認識段階」で、的確に認識されないゆえの誤りや認識不足が生じやすい。私たちのコンサルティング行為（もっと広くいえば技術的行為全般）では、図Ⅰ－8－2や3に示すように、素材である対象の観察や計測といった行為を踏まえて、私たちはそこで「何か」を認識する（読み取る）。さらにはその内容を周到に解析・分析したりそれをもとにものごとの性質やメカニズム、さらには将来を予測したりする。この段階では、アレとかコレといった個別的な認識から、さらに帰納的な思惟や演繹的な思惟を経て、**「普遍的な認識」**に至る。ここで、個別的認識（Ⅲ）から普遍的認識（Ⅳ）に至る観念の形成は個人的な能力の差が著しく、技術レベルの差異が顕著に現れる（図Ⅰ－8－2）。

八.二.三　意識段階

物事の認識は確固たる意識下で行われるわけだから、厳密には、「認識段階の次に意識段階が来る」と記すのは正しくないのかもしれない。しかし、ここでいう「意識段階」とは、私たちの「自己の意思によって、ある一定の判断を下す段階」のことを言う。

「判断」は思惟結果（Ⅳ）にもとづく決断であり、結論付けである。ところがその段階に至るまでに、認識段階で得られた知識（事実）に対して、帰納的思惟と演繹的思惟、あるいは分析的な思惟と総合的な思惟などが、瞬間的あるいは十分の時間をかけて繰り返され、論理性や実証性のチェックがおこなわれる（狭義の意識段階）。それにもとづいて、しかも自己のもつ「ある基準」（技術的な基準や客観基準、倫理的な基準など）に照らし合わせて、自分の行うべき行為が最終決断（判断）される（判断の段階）。

コンサルタント業務では（Ⅲ）や（Ⅳ）の認識にもとづき判断する段階（つまり、①解析・分析や②所見の提示など）が、まさに「意識段階」を経た結論ということになる（図Ⅰ–8–3）。したがって、この段階で誤りが生じるか否かは、次の点にかかっている。

ⅰ　正しい素材や十分な素材にもとづく認識を経ての判断かどうか。

ⅱ　判断が十分な論理的思惟や実証的思惟に立脚しているかどうか。

ⅲ　自己の持つ「判断基準」が、妥当なものかどうか。

八・二・四　判断の誤りが生じる根本は「意識」にある

デカルトは著作『哲学原理』の中で、次のように述べている(3)。

【我々が何かを意識する場合、それについて何も肯定や否定をしなければ、我々が間違いをしないことは明らかである。また、肯定もしくは否定すべきだと、**明晰に意識することだけを、肯定もしくは否定する場合には、間違いは起こらない。**しかし、あることを正しく認識しないにもかかわらず（よくやるように）それについて判断する場合にのみ、間違いが起こるのである（強調は筆者）。】

このデカルトの言葉に、「判断の誤り」が生じる根本原因は言い尽くされている。屋上屋を重ねるなら、「判断」という行為はもはや「知性」には属さず、「意思」に属するものなのだ。

【知性は単に世界をあるがままに受け取ろうとするが、意思はこれに反して、世界をその有るべき姿に変えようとする（ヘーゲル：『小論理学』(5)による）。】

というヘーゲルの言葉は、まさに正鵠を射ていると言えよう。

私たちはこの意思があるために、十分な認識が無くとも――つまり十分な認識に達していない多くのことにも――それなりに判断を下すことはできる。「意思」の到達しうる領域の方が「知性」の及ぶ領域よりもはるかに広範なのである。逆に言うと、意思の上に感性も知性も立脚している。しかも意思は、いかなる制限によっても限定されることがない。まさにここに、誤りの生じる根本原因がある。このことをデカルトは次のように述べている(3)。

【知性の認識は、自分に示されるわずかなものにしか及ばず、常にまったく限られている。しかし意思は、ある意味で無限であるということができる。なぜならば、何か別の意思やあるいは神の内にある無辺際の意思の対象になりえるもので、我々の意思の範囲に入らないものを、我々は全く知らないからである。したがって我々は、容易に意思をば明断に認識するものの外にまで及ぼすものであって、もしかようなことをするならば、我々は間違いをするようになるのも不思議ではないのである（デカルト『哲学原理』による：強調は筆者）。】

もし私たちの知性が意思の及ぶ範囲と同じ領域まで及ぶなら誤りは起こらないだろうし、逆に意思が知性の領域より広い範囲まで及ぶことが無ければ、誤りを犯すことは無い。だが、意思の及ぶ範囲が無限であるのに対して、知性の及ぶ範囲は有限なのである。だから、私たちの行為では、自分の意思を自分の知性の範囲内に保つこと、すなわち、「明晰判明に認識することだけを、肯定もしくは否定する場合には間違いは起こらない」のである。

八．二．五　コンサルティング行為のレベル

以上を勘案するとどういう分野であろうと、コンサルティングの思考レベル（一般的にいえば、技術の思考レベル）の上下は、①素材（対象）の含む誤りを見抜いて抽出できるかどうか、②現地での観察や計測などが十分かあるいは正しくなされたか否か、③①・②にもとづくフィールドでの現状認識が十分で正しいかどうか、すなわち、解析や分析あるいは予測などが的確で誤りが無いかどうか、④現状認識にもとづく判断（意思決定）が正しく的確かどうか、などに支配される。そして、これら①〜④のどこかに誤りや不十分さ・不的確さがあると、技術レベルは劣り、場合によっては致命的あるいは経済的に重大な損失をもたらす（図Ⅰ-8-4）。

「技術レベルの低さ」は、私たち技術者にとってきわめて深刻な非倫理的行為をもたらす可能性があることを、技術者は肝に銘ずる必要がある。

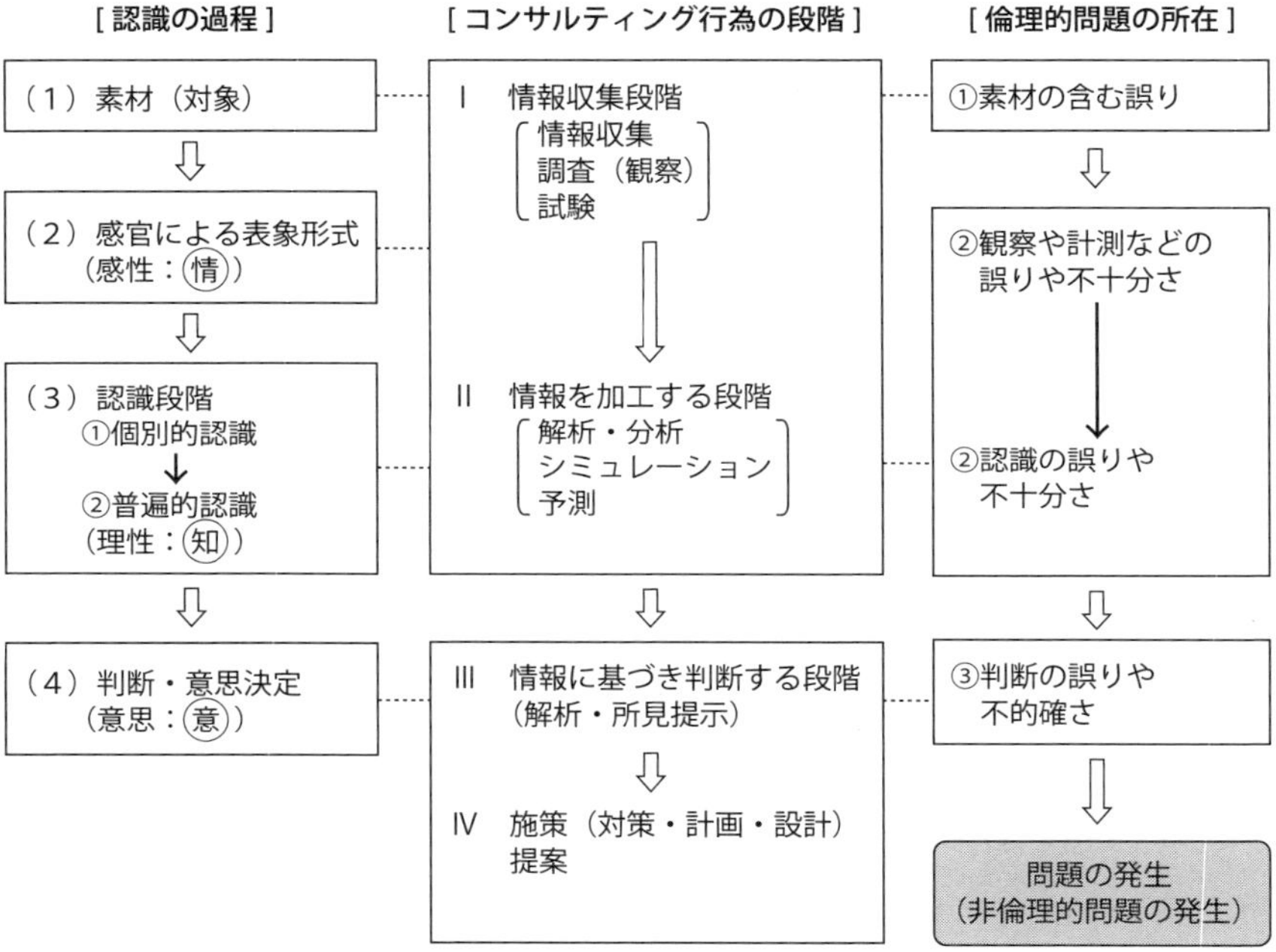

図 I-8-4　我々の認識とコンサルティング行為の段階と問題の所在(7)

第九節　最近の若い地形地質技術者の問題点

九．一　フィールド・ワークの弱さ

プロ（専門職）としての地形地質や治山・砂防などコンサルタントは、以上述べたような広い意味での技術者の社会的責任をまずよく認識する必要がある。特に専門職で「技術力が低いことは、非倫理的」と考えるべきなのだ。こういった観点から見ると、最近の若い地形地質技術者（広くいうと野外科学関係の技術者）には、次に示すように多くの問題点を持った者が多い。

i　まず気になるのは、最近の大学でフィールド・ワーク（現地調査）の基礎と、その楽しさ・面白味をしっかりと教える大学教師がきわめて少ない点である。このため、最近ではフィールド・ワークのできない学生が著しく増えている。教師本人が日常そのように行動していて初めて説得力のある指導ができるのだが、最近の大学教師は地道に力を注いでフィールド・ワークを実施しても、その成果の研究論文が正当に社会に評価されないためか、フィールド・ワークに主力を置く教師が少ないことが主因と思われる。その元凶は文部科学省の、研究者評価の不適切さにある。フィールド・ワークを主なテーマにした成果では、評価が低いのだ。あるいは、教師

ルドを観察することが大切だ。そういう点で現地の「見方」は、決して完成されているわけで

て「現地のありように整合した正しい答えを出す見方」のことである。それを常に心がけてフィールド観察によっ

する答えを探すことが大切である。要するに「新しいものの見方」とは、フィールド観察によっ

み立てるといった具合に、臨機応変に次々に見方を変えていって、その現地のありように整合

は必要である。仮説を持って現場に臨み、フィールドでその仮説が否定されたら次の仮説を組

iii　フィールドを見るときには先入観があってはならないが、常に自分の仮説（考え）を持つこと

やる」といった、限りない好奇心としつこさが常に求められる。

する考え方は変わっていくものだ。さらにフィールド観察の際には、「新しい何かを発見して

ものだし、一人の人間の中でも、経験を積むことによって対象を見る目や対象のありように対

方」は、決して完全に確立されているわけではない。時と共に新しい見方・考え方が出てくる

されていると思い込んでいるのではないか？　実際には、フィールドでの「ものの見方・考え

ii　最近の若い技術者は、フィールド（現場）での「ものの見方」は、もうこれまでに完全に確立

で独自に改めて教え育てていかざるを得ないのが現状である。

して、大学の教師や地形地質分野のコンサルタントなどの技術分野に投入されるため、企業内

ルド・ワークの基礎を教えられないものだから、その楽しさ・面白さを体験することなく卒業

生を「フィールド・ワークができない」と非難しても仕方がないのかもしれない。大学でフィー

強い教師に恵まれず、しかも大学がその指導方向にない現在の世の中では、そこで生まれる学

自身が楽な室内作業中心の研究に、安易に傾いているのかもしれない。だから、フィールドに

はない。常にフィールド研究者・技術者が新たに見出し、創り出していくものなのだ。そのためには、どうしてもかなりの「しつこさ」が必要である。ここでフィールド・ワークの方法について詳述する紙数はない。フィールド・ワークでのものの見方・考え方――現場の知――については、拙著『フィールドロジー』(7)に詳しいので、同書を参照されることをお勧めしたい。自分の新しい物の見方・考え方が触発されよう。

iv

これは大学も役所も企業も同じだが、最近「効率化」を求める余りに、フィールド観察の時間が短くなっている。iiiで述べたように確たるフィールドの見方が確立されているわけではないから、「よく判らない」フィールドはしつこく繰り返し時間を掛けて観察することによって、ものやことのありようが見えてくるものである。そこに今までにない見方・考え方も生まれる。また、若い技術者は上司や先輩あるいは教師と共に観察することによって、現地の見方の正しい技術が伝授されることも多い。最近、企業だけでなく大学でも役所でも技術の伝承がうまく行っていない。その元凶は「効率化」による現場を見る時間の短かさにある。「効率化」は業務上大切なことではある。しかし、若い技術者の教育という面では、それが弊害になっている。本人の資質もあるが、若い人が技術を身につけるにはある一定の時間がどうしても必要である。それが最近「効率化」を重視するあまり、技術の伝承される機会が極めて短くなっている。大学時代に時間をかけて教育されていないうえに、企業に入っても「効率化」の弊害で、技術の伝承がなされにくくなっている現実がある。

v

「効率化」から最近では一つの作業に従事する人数が減り、夜の整理作業を数人が共同ですることが極めて少なくなってきた。泊まるのが、旅館の大部屋形式からホテルの個室形式に変わってきた影響もあろう。かつては夕食のあと旅館の大部屋で四、五人が集まって一、二時間くらいは共同で昼間の調査データの整理をしていた。これはたとえ酒を飲みながらであっても、昼間のフィールド・ワークでの疑問点や得られたデータや情報を共有したり、問題点について議論するのに適していたし、そこで現地の見方について年長者の話を聞いたり地質図の作り方・描き方を習ったりして、確実に現場技術の伝承――つまりものの見方・考え方の伝承――があった。それが現在、きわめて少なくなっている。

以上を要するに、最近の若年技術者や研究者がフィールド・ワークに弱いのは、①学生時代には教師から適切な指導を受けていないこと――つまりこれは指導する教師の問題だし、②企業に入ったあとでは「効率化」の犠牲になって、先輩等からの技術の伝承が乏しくなっている点、③そして何より、フィールド・ワークの楽しさ・面白さを体感するまでの教育を、大学で受けないで育ってきている点が根本にある。これもつまるところ、文部科学省の教育方針の問題かもしれない。

九.二 「総合化」の欠乏

九.二.一 総合化の本質

最近の若い人への要望だけでなく、コンサルタントをはじめ最近の技術者全般について考えるべきことは、現在、成熟化したわが国の社会では異分野を含めて、関係する全体を俯瞰した「総合化」が求められている点である。

科学技術全般にとって「分析」と「総合」は相対的《あいたい》概念であって、思考を深める際の両輪をなす。しかし、コンサルティング行為の最後の部分では、「総合化」のほうがより重要で、それがコンサルティング行為の質の高さを大きく支配する。

「総合」という行為は、論理のピラミッドの構築そのものであって、次の内容が含まれる。

i 分析的な作業結果の取りまとめ（問題点などの整理と解の導出）

ii 新しい視点（切り口）に立っての、論理の組み立て（結論づけ、まとめ）

iii iiにもとづく仮説の創造

このためには、①演繹的な論理の組み立てと、②帰納的あるいはアブダクション（仮説発想法）的な論理の組み立ての繰り返しが必要である（たとえば、図I-8-2など）。

現在の科学技術の分析と総合双方のあり方を見ると、「分析的」な方法よりも**「総合的」な見方の方がより重要なウェイトを占めるように**なっている。最近の若い技術者は勿論のこと、古手の技術者もこのことをよく認識する必要がある。

九.二.二 総合化における「静的な視点」と「動的な視点」

総合化では、論理を組み立てる際の視点・切り口（view point）が大きな意味を持つ。同じ現実・同じデータを目前にしながらも、それらを素材にして論理のピラミッドを組み立てる際の「視点」の斬新さによっては、全く違った論理のピラミッドが築かれ、それまでにない新しい仮説が生まれ得る。

この総合化の概念（概念の形成一般）を生む原動力は、次の三点のウェイトが大きい（図Ⅰ-9-1）。

i　既存知識の量

ii　深く考える思考習慣

iii　概念形成に対する意思の強さ（しつこさ）

では、不可欠な「視点の斬新さ」や「新しい視点」はいかにして生まれるか。それは「発想（着想）」にある。分析結果を眺めたとき、**直感的に得られる「何か」**があって、それが新しい視点を与えるきっかけとなる。その際の発想の基礎は、上述した三要素である。

私たちが物事を総合化するときの「視点」には、

イ　一人の人間・一人の技術者として、動ずることのないものの見方・考え方となる確たる視点（**いわば静的な視点（S）**）――これは技術者としての哲学とも言える――と、

ロ　外界の状況（自然であると人間社会であるとを問わない）を観察しての、現場に整合した臨機応変に変わり

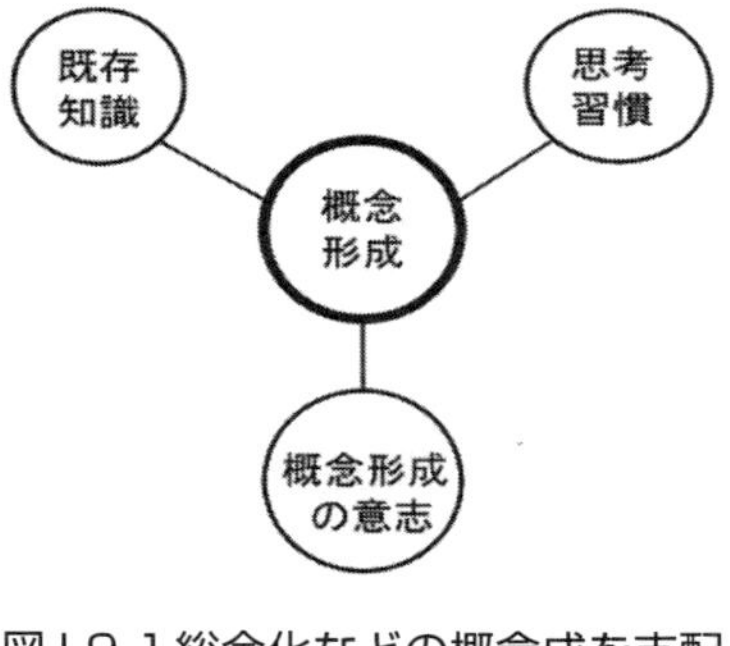

図Ⅰ-9-1 総合化などの概念成を支配する主要要素

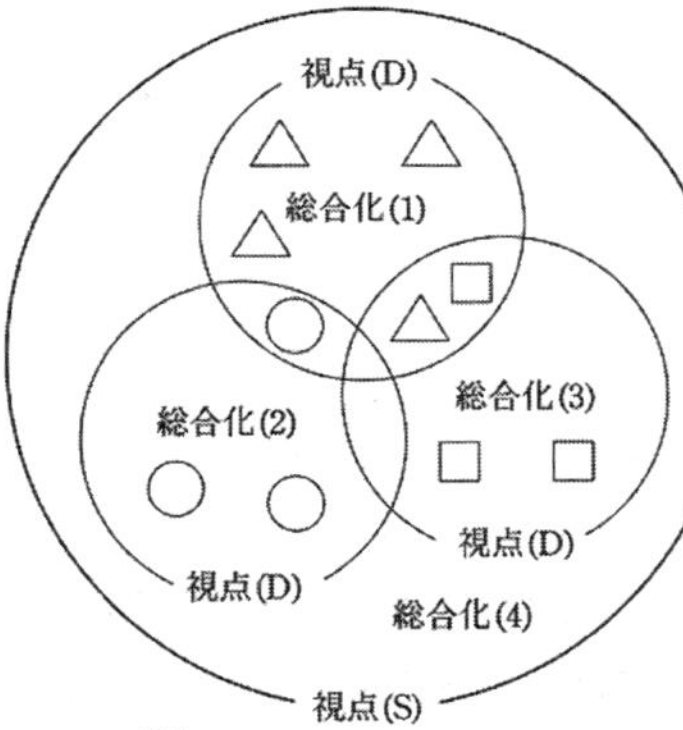

（注）
視点（S）動ずることのない視点
視点（D）動的な視点

図Ⅰ-9-2　総合化のための視点(7)

得る視点（いわば**動的な視点（D）**）とがある。

私たちには図I−9−1の要素のもと、これらイ・ロ二つの視点が必要である（図I−9−2）。**総合化**は分析とは対となる逆概念であるから、総合化のタイプにも分析の場合と全く同様に次の五つのタイプがある。

①構造的な総合化、②関連性の総合化、③流れの総合化、④要因の総合化、⑤判断の総合化

要するに「分析」という行為がなされたら、そのあとには必ず何らかの総合化を伴う行為がなされるべきだと考えたほうがよい。

九.二.三　総合化のはじめ　―小さな総合と大きな総合―

総合には、（a）単なるグループ化（小さな総合）と、（b）本質的に全く視点を変えて組み替えなおす大きな総合（仮説に基づく総合）とがある。分析の過程を経て「総合（synthesis）」の中の上記（a）～（b）の過程を示すと、次のようになる。

i　**分析**……………**ばらばらに分解する**…ものごとを単一の要素に分ける。

ii　**小さな総合**……**グループ化する**………ばらばらにしたものを、同一グループごとに束ねなおす。

iii　**大きな総合**……**組み立てなおす**………新しい視点・切り口・アナロジーなどによって、別の見方を見出して、大きく組み立てなおす。

私たちが物事を深く考える行為は、大なり小なりこれらi～iiiの行為の繰り返しである。そして、科学技術の上で「仮説」を創造する行為は、上記iiiの「大きな総合」にほかならない。それは単なる

グループ化ではなく、**それまでにない「新しい視点」「新しいアナロジー」にもとづいてなされる「もうひとつ次元の高い総合」**である。それはバターフィールドが著書『近代科学の誕生』(2)で述べている、従来からの同じ観測データを、**「新しい思考の帽子」(a new thinking)をかぶって見た、**――つまり、新しい概念の枠組みで見つめなおした――別の「新しい視点」から見ると、全く別のものとしてみることができるということである(図I-9-3)。

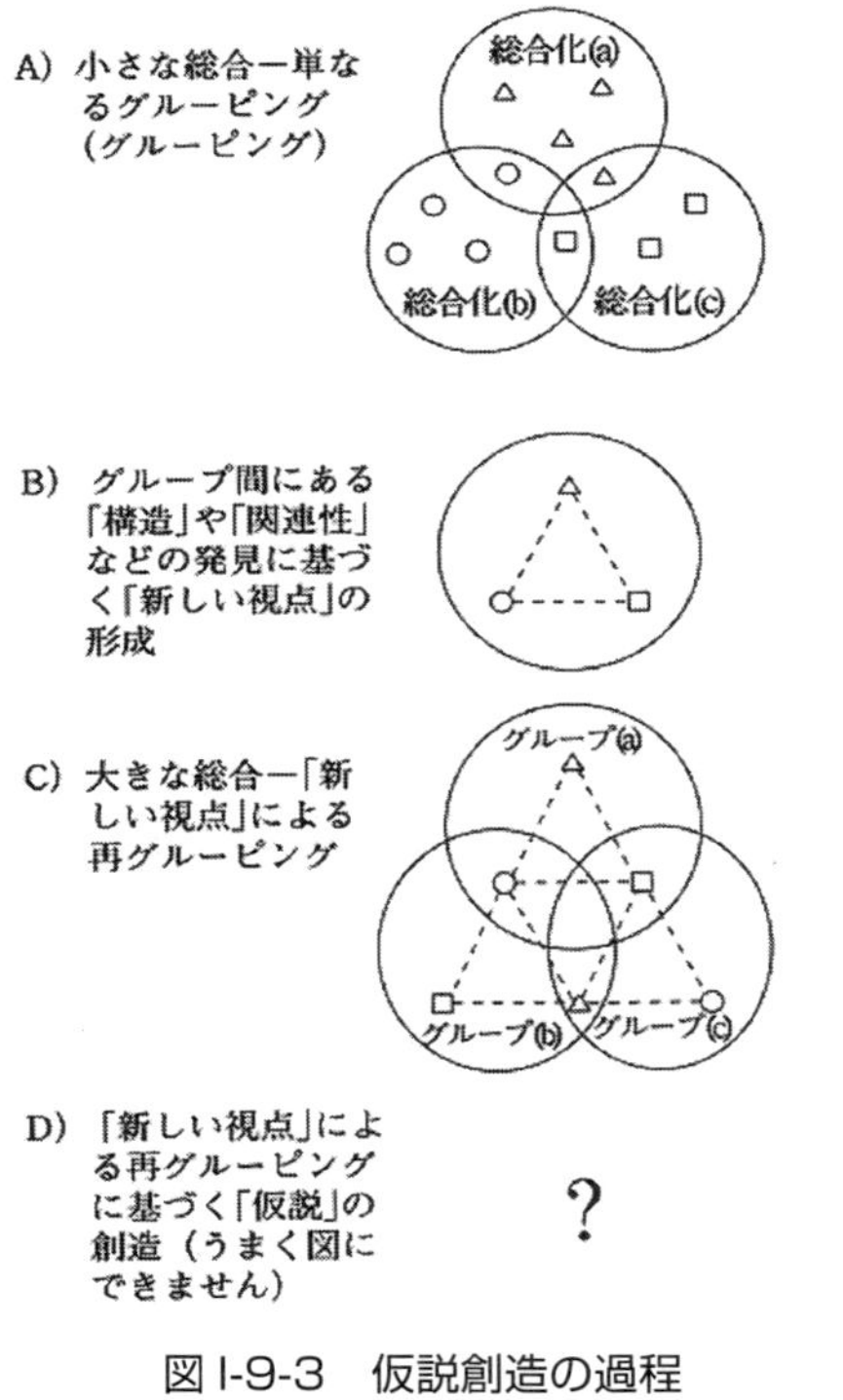

図I-9-3　仮説創造の過程
(うまく図に表現しづらい過程である)(7)

九．二．四　最近の「総合」の特徴

最近の「総合」について目に付く傾向として、もうひとつの重要な留意点がある。もともと分析と総合は適切な条件と新しい視点を見つければ可逆的な行為であるが、それはどちらかというと単一のことの分析と総合のことで、最近の総合では「多くのこと、あるいは他分野のことを含めての総合」――つまり、**「異種統合的な総合」**が重要視され、求められるようになった。

現在の科学技術に求められるのは、①俯瞰的でより高い包括的な視点・視野あるいは、②全体的・

総括的に的確に把握する感覚である。還元主義的（reductionism）方向――いろいろのことを細かい基本的な要素に細分して還元する――方向よりも、バラバラに細分化された個々の部分を、ある視点にたって全体に**「総合化」**する能力が求められている（図Ⅰ-9-4）。

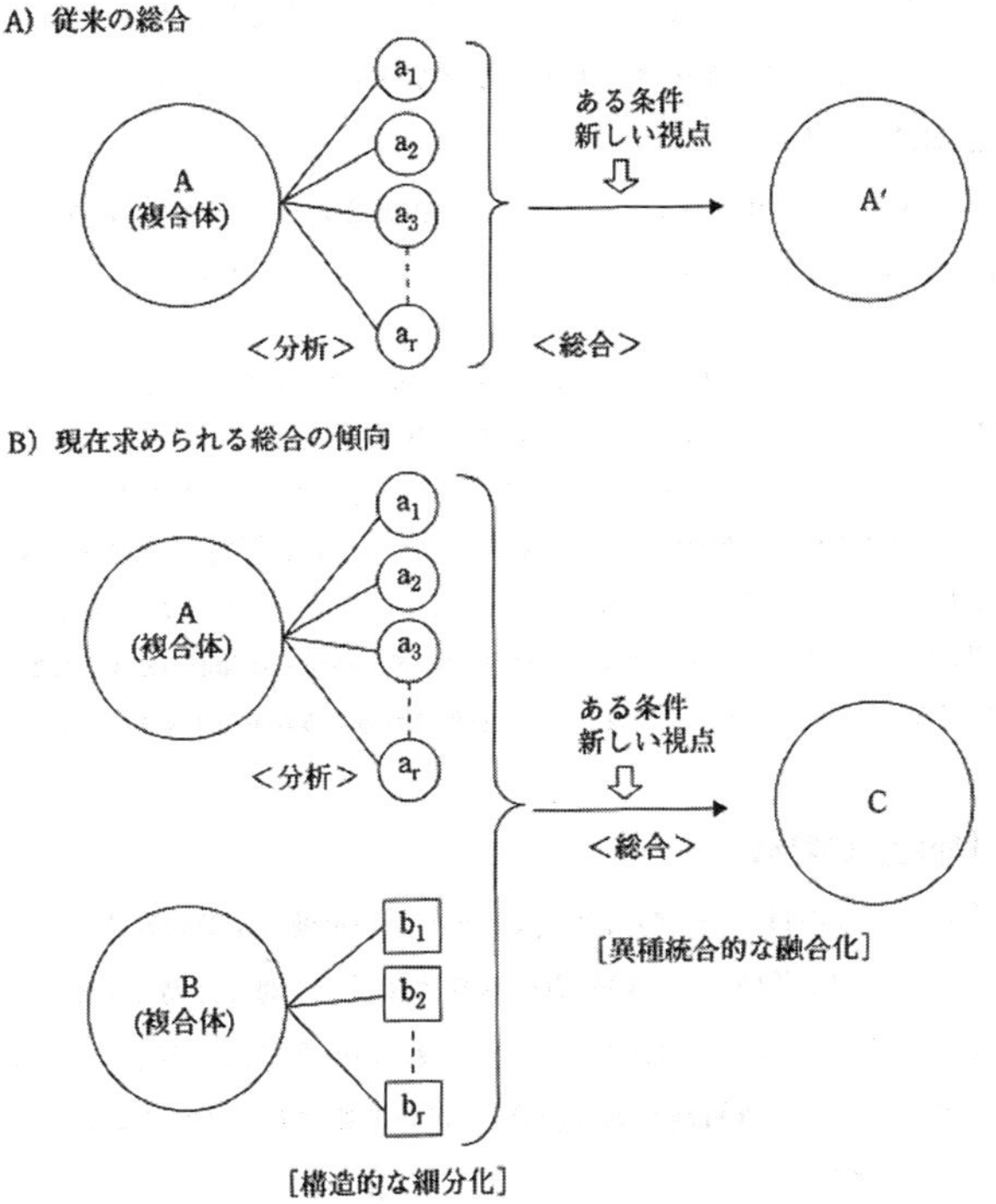

図Ⅰ-9-4　最近求められる異種統合的な総合(7)

おわりに

日本人の多く（約七〇％）が、自然が人間にとっての〝災害現象〟によって作り出した土地の上に住んでいる。だから、そこに、こうした自然現象が〝災害〟という形で時おり起こるのは、むしろ「自然」である。しかし、同じ災害現象が起こるような土地であっても、災害に遭いやすい土地と、遭いにくい土地とがある。つまり自然災害に対して**危険な土地と安全な土地**とは、かなりはっきりと分かれる。それが自然の実態なのである。防災上はその実態を把握して国民にわかりやすく提示するのが、地形地質屋の役目であり、それを図示した**「ハザードマップ」**が各自治体にはある。現在では提供される土地の安全性についての情報は、専門家でなくてもかなりよくわかるようになっている。だから、一般の人々でもそれを見る目があれば、わが国の自然災害はかなり減らすことができる。

だが、問題は、一般の人々にそういうごく基礎的な知識がなく、**「知らぬが仏」**の状態にある点だ。その根本は、文部科学省の国民に対する教育体制の不備にある。**「災害大国」**のわが国の教育体系がそういう基礎知識を植えつける仕組みになっていないのである。それを解消するには、**現在選択制である高等学校での地学の授業を必修にし、「地学」の中でもわが国の災害に関係深い部分にウェイトをおいたカリキュラムにすることである。さらに国立大学の入試にも、「地学」を必須とすべきだ。**

もう一つ根本的に考え直すべきことは、文部科学省を中心とする為政者が、自然災害に対する適切な認識を持ち、それに資する分野の研究者や技術者の社会における認知度を上げることである。そのためには、大学・研究所などでの現在の個人の評価制度だけでは無理である。わが国の為政者自身が今までの教育制度の弊害でそういう教育を受けていないため、自然災害に対する認識が低くて大変だが、そこが変わらないで「国土強靭化政策」をいくら唱えても、災害大国のわが国の自然災害に強い国土作りはできないし、災害は減らない。つまり、

i 国の為政者の認識を変えること。
ii 国土強靭化に資する分野の大学教員や研究者・技術者の社会的認知レベルを上げること。
iii 国民の（とくに若者の）自然災害とその防災に対する認識レベルを上げる教育システムを構築すること（高校の地学を必修にしてカリキュラムを少し変えればよい）。
iv 同時に、国土の防災や、強靭化に携わる技術者（専門職）自身の防災に必要な基礎知識のレベルアップのための自己啓発を心がけること。

などが欠かせない。

参考文献

（1）アラン（桑原武雄・野田又夫訳）：デカルト　みすず書房　一九七一
（2）バターフィールド（渡辺正雄訳）：近代科学の誕生（上・下）（講談社学術文庫）講談社　一九七八

(3)デカルト（桂寿一郎訳）：哲学原理（岩波文庫）岩波書店　一九六四
(4)エーリッヒ・フロム（阪本健二・志貴春彦訳）：疑惑と行動（現代社会科学叢書）東京創元社　一九六五
(5)ヘーゲル（松村一人訳）：小論理学（上・下）（岩波文庫）岩波書店　一九五一、一九五二
(6)今村遼平：安全な土地の選び方　鹿島出版会　一九八五
(7)―――：フィールドロジー（現場の知）―現場での見方・考え方―　電気書院　二〇〇六
(8)―――：技術と倫理　電気書院　二〇〇八
(9)―――：安全な土地　東京書籍　二〇一三
(10)嶌田敏行・奥居正樹・林隆之：日本の大学における評価制度の進捗とその課題　大学評価・学位研究　第十号　独立行政法人大学評価・学位授与機構　二〇〇九
(11)文部科学省：高等学校学習指導要領解説　理科編　文部科学省　二〇〇九
(12)文部科学省：高等教育局　高等教育企画課：大学教育改革の状況と厳しい評価　二〇一二
(13)池内了：科学の落とし穴　晶文社　二〇〇九
(14)池内了：科学のこれまで、科学のこれから　岩波ブックレット　岩波書店　二〇一四
(15)川辺文久：地学教育における地質図の読図にまつわる課題と展開　地図　五三巻一号　日本地図学界　二〇一五
(16)文部科学省：科学技術基本計画の概要　総合化学技術会議　文部科学省ホームページ
(17)今村遼平ほか：防災・環境・維持管理と地形地質　地盤工学会　二〇一五

今村　遼平

理学博士（北海道大学）
技術士（建設・応用理学部門）
Apec Engineer (Civil)
地盤工学会名誉会員
アジア航測(株)名誉フェロー

著者略歴

一九四一年　福岡県に生まれる
一九六三年　熊本大学理学部　地学科卒業　国際航業（株）入社
一九八九年　国際航業（株）退職
　　　　　　アジア航測入社（株）コンサルタント副事業部長
二〇一〇年　取締役退任（この間、生産技術本部副事業部長、総合研究所長　などを歴任）顧問に
二〇一六年　アジア航測（株）退職
二〇一五年　興亜開発（株）顧問　シービーエス（株）顧問

非常勤講師

早稲田大学理工学部（一九八一～二〇〇七年）
埼玉大学工学部（一九八三～一九八五年）
大阪大学工学部（一九九七～二〇〇四年）
中央大学理工学部（二〇〇七～二〇一一年）

主要著書

今村遼平・武田裕幸『建設技術者のための空中写真判読』共立出版　一九七六
今村遼平『技術者の倫理』鹿島出版会　二〇〇二
今村遼平『地震タテ横斜め』電気書院　二〇〇四
今村遼平『地形工学入門』鹿島出版　二〇一二
今村遼平『安全な土地』東京書籍　二〇一三　ほか多数

あとがき

本書の執筆グループは、「序にかえて」にあるように、生まれ育ちが鹿児島本線沿いで現職を退いた第二、第三の人生を送っている在京の土木地質技術者である。したがって執筆グループ名は最初「鹿児島本線快速電車の会」にしようと話したが、いかにもローカルな名前ということで、JR九州の豪華観光列車に因んで「ななつ星の会」ということに決まった。しかし残念ながら途中で一人欠けたために、「六連星《すばる》の会」になった。

本書は執筆者六人が日頃思っていることを書いてホッチキスで留めたものであるから、文体も違うし、何の脈絡もない。編集会議と称して中央線快速電車の止まらない市ヶ谷のレストランでワインを飲みながら昼をとって他愛のない話をしていたが、ある時こんな本が売れるのかなという話が出ると、「売れっこないよ」というのが大方の意見であった。

ただ、広島土石流災害など災害の話になると、「あんなところに住宅をつくるのは悪い、それを許可した行政も悪いしそれを買った人も悪い。地盤のことを知らないからそうなるのだ。もっと地形・地質のことを知ってもらわねば。それには地学教育が大事だ」と異口同音となる。その時、執筆者の一人若佐氏が、「地元の中学校で地学の話をする」というと、「小中学生を教育するのも大事だけれど、小中学生のお母さん方を教育しないといけない」との意見が出た。その理由は、ピアノでも英語でも母親が習いなさいと強制するから習って、ピアノや英語が上手になる。だから若いお母さん方が地学に興味を持てば、きっと子供に地学のことを薦めるに違いない。化石博物館や石の博物館に行くようになるだろうということである。次の本は若いお母さま方をターゲットにした本にしようということに話が弾んだ。

理科教育で地学が衰退して久しい。教育は教室ばかりでなく、野外でもできるのである。特に地学は観察科学であるから、教室よりも野外の方がよい。以前我が家にホームステイとしてカナダから女子高生が来た。小さなあばら家に驚いていたが、ある時暇つぶしに私が撮った地形の写真を見せながら「これはトンボロだ。これは巨大崩壊だ」と説明したら、それは知っている、これも知っているという。次の日にはGEOLOGYと書いてあるTシャツを着てきた。よくよく聞いてみると、彼女のおじいさんがバンクーバーで地質博物館の館長だとか。しかし、彼女だけが特別に地学のことをよく知っているのではないらしい。学校でも地学の授業はあるし、バンクーバーの近くにある巨大崩壊を授業の一環として見に行ったということである。

最近の修学旅行は浅草に行ったり、外国に行って物見遊山をするというのが落ちである。スマホを持っていきたいところに勝手に行って何時までに帰ってきなさいというのが定番になっているようである。仏教用語に「聞慧と思修」ということばがある。聞慧は耳で聞いて知恵を得ることであり、思修は自分で考えて身に修めることである。修学旅行は何も浅草や釜山に行くことはない。普段は行けない立山カルデラや大井川の上流に行ってもよいのである。日本各地にはジオパークがあり、学習できるようになっている。面倒だから、危険だから、案内できないからは理由にならない。ボランティアの案内者は大勢いる。

次の快速電車の会の本は淑女とお母さん方のための本になるに違いない。ただ本が完成するかどうかは地学の復権を夢見る、星に手が届きそうな完熟年地質職人の熱意がどこまで続くかにかかっている。（桑原　啓三）

地質職人《ちしつしよくにん》たちのアーカイブス

2016年10月27日　第1刷発行

編　者 ── 六連星《すばる》の会《かい》

発行者 ── 佐藤　聡

発行所 ── 株式会社 郁朋社《いくほうしや》

〒101-0061　東京都千代田区三崎町2-20-4
電　話　03（3234）8923（代表）
FAX　03（3234）3948
振　替　00160-5-100328

印刷・製本 ── 日本ハイコム株式会社

装　丁 ── 根本　比奈子

郁朋社ホームページアドレス　http://www.ikuhousha.com
この本に関するご意見・ご感想をメールでお寄せいただく際は、
comment@ikuhousha.com　までお願い致します。

 ISBN978-4-87302-630-5 C0051